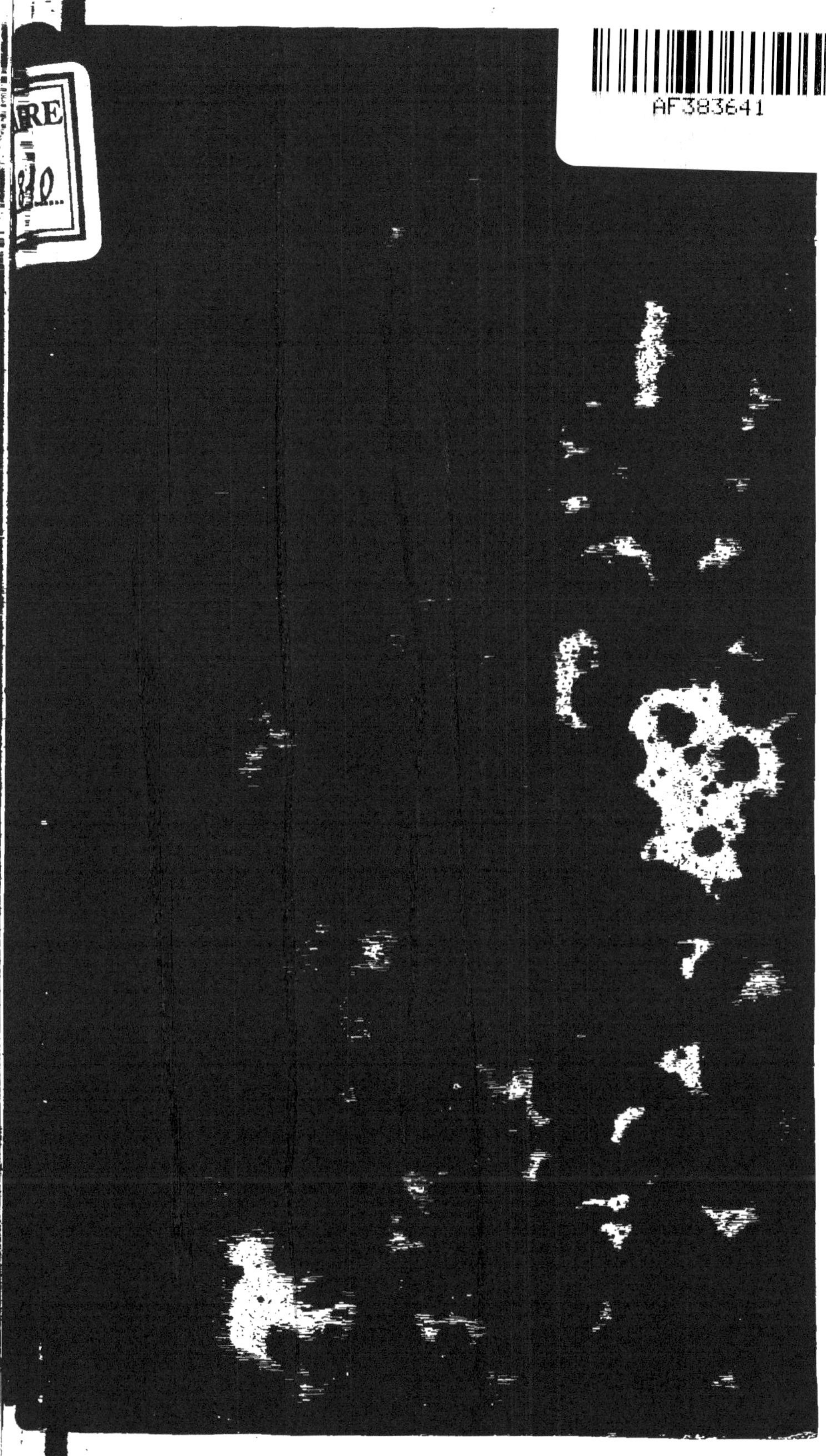

V

ART

DE LA TEINTURE,

D'APRÈS LA MÉTHODE ANGLAISE.

IMPRIMERIE DE STAHL, QUAI DES AUGUSTINS, N° 9,

Pour le titre seulement,

Et Imprimerie de Le Normand fils, rue de Seine, n° 8,

Pour l'ouvrage.

N. B. C'est à tort que l'on parle, page 161, d'une Planche VIIe qui n'appartient pas au volume, et qui est inutile pour l'intelligence du texte.

ART
DE LA TEINTURE,

D'APRÈS LA MÉTHODE ANGLAISE ;

SUIVI

DE L'ART DE FAIRE LE VINAIGRE DE BOIS, DE DISTILLER
LA HOUILLE ET LES POMMES DE TERRE.

Ouvrage traduit de l'anglais,

SUR LA DIXIÈME ÉDITION,

PARIS.

AUDIN, LIBRAIRE, quai des Augustins, n° 25 ;
C. BÉCHET, même quai, n° 57 ;
LECOINTE et DUREY, même quai, n° 39 ;
PONTHIEU, Palais-Royal.

1827.

DE

LA TEINTURE.

La teinture est l'art d'appliquer les couleurs sur toute espèce d'étoffes.

Le but du teinturier est de donner aux étoffes une couleur uniforme et durable sans endommager leur tissu. Il emploie en conséquence les couleurs en dissolution, afin que leurs particules puissent obéir à leur affinité pour les fibres de la pièce et s'appliquer elles-mêmes. Quand on trempe, par exemple, une certaine quantité de laine dégagée de toute impureté dans la dissolution de quelque matière colorante, si ses fibres exercent sur la matière colorante une plus forte attraction que l'eau ou autre menstrue qui la tient en dissolution, elle abandonne son dissolvant et s'unit à la laine qui de cette manière se trouve teinte; ses fibres se couvrent de matière colorante, et si elles agissent sur elle avec assez de force pour que l'action du savon, de l'air et de la lumière ou de tout autre agent, ne puisse sensiblement détruire la combinaison, ou en d'autres mots, ne puisse altérer la teinte de la laine, la couleur est *permanente.*

Il peut arriver cependant, et même c'est ce qui a généralement lieu, que la couleur qu'il faut employer n'ait pas d'attraction ou n'en ait qu'une très-foible pour les fibres de l'étoffe à teindre. Dans ce cas, il est nécessaire d'employer une troisième substance qui ait beaucoup d'affinité pour la matière colorante et le tissu, et serve d'intermédiaire entre eux : cette substance ou cet intermédiaire s'appelle *mordant.*

Les teintures de première classe ou celles qui n'exigent pas de mordant s'appellent *teintures fixes.* Il n'y a que l'indigo et le pastel qui jouissent de cette propriété.

Les teintures de seconde classe ou celles qui ne peuvent être fixées que par un mordant s'appellent *fausses* ou *petites teintures.* On appelle encore ces deux espèces de couleurs, *substantives* et *adjectives;* cette dénomination, introduite par Bancroft, est communément employée.

La laine, la soie, le coton et la toile sont les étoffes qu'on teint le plus ordinairement.

Chacune de ces substances est soumise à un mode de traitement différent dont nous parlerons après quelques remarques sur les mordans ; les mots étoffes et tissus sont des termes généraux que nous emploierons pour toute espèce de substances soumises à la teinture.

Mordans.

Les substances les plus généralement employées comme mordans sont les terres, les oxides métalliques, les principes astringens des végétaux et les huiles fixes. Il n'y a aucun doute que les terres ne soient la même chose que les oxides métalliques, mais il convient, pour l'intelligence du sujet, d'en parler séparément.

L'alumine est de tous les mordans terreux le plus important et le plus communément employé. Son attraction pour les substances animales, la laine, la soie, est très-forte, mais elle est très-foible pour les substances végétales, le coton et la toile. Son affinité pour les végétaux paroît presque se borner à leur matière colorante. On ne l'emploie pas dans son état le plus simple, mais dans celui de sulfate ou d'acétate.

Quand on veut employer comme mordant l'alun qui est un sulfate d'alumine et de potasse, on le dissout dans l'eau, et très-souvent avec un peu de tartre (supertartrate de potasse). On met l'étoffe dans cette dissolution, et on l'y laisse jusqu'à ce qu'elle ait absorbé la proportion d'alumine nécessaire, après quoi on l'en retire, on la lave la plupart du temps, et on la fait sécher. Le tartre sert à deux objets : la potasse qu'il contient se combine avec l'acide sulfurique de l'alun et l'empêche ainsi d'altérer le tissu : l'acide tartarique, se combinant à son tour avec l'alumine, forme un tartrate d'alumine que l'étoffe décompose plus facilement que l'alun.

L'acétate d'alumine est surtout employé pour le coton et la toile ; il cède à ces tissus une plus grande quantité d'alumine que l'alun, et leur donne conséquemment des couleurs plus permanentes et plus belles. On obtient ce mordant en versant de l'acétate de plomb dans une dissolution d'alun, dans la proportion d'une partie d'acétate de plomb pour trois d'alun en poids avec un seizième de potasse et autant de craie en poudre; l'acide sulfurique et le plomb forment un précipité insoluble, tandis que l'alumine et l'acide acétique restent combinés dans la dissolution. La craie et la potasse se combinent avec l'excès d'acide.

La chaux a une forte attraction pour l'étoffe

et peut servir de mordant, mais elle ôte aux couleurs leur éclat; quand on l'emploie, c'est à l'état d'eau de chaux, ou de sulfate de chaux dissous dans l'eau.

Les oxides métalliques ont en général une forte attraction pour les matières colorantes et les substances animales; mais les seuls dont les teinturiers fassent un usage étendu sont ceux d'étain et de fer. Chacun de ces métaux peut être employé à deux degrés d'oxidation; le second oxide est pour l'un en étain blanc et en fer rouge pour l'autre, et comme les oxides qui contiennent une moindre proportion d'oxigène que ceux-ci ne sont pas permanens, mais se convertissent respectivement en blanc et en rouge par la simple exposition à l'air, ou même dans le cours de l'opération, on peut considérer les oxides blanc et rouge comme les seuls employés.

L'étain est employé comme mordant en trois états : dissous dans l'acide nitro-muriatique, dans l'acide acéteux et dans un mélange d'acide sulfurique et d'acide nitrique. Le nitro-muriate d'étain est un mordant dont on fait un grand usage et qu'on prépare de la manière suivante : on prend de l'acide nitrique à 30°, on dissout dans ce liquide le huitième de son poids de muriate d'ammoniaque, on ajoute par parties la même quantité d'étain et on étend la dissolution du quart de son poids d'eau.

Il faut choisir un étain pur tel que celui de Maben ou les bonnes espèces d'Angleterre qui contiennent peu de métaux étrangers, laisser précipiter le petit dépôt noirâtre qui se forme pendant que les élémens réagissent entre eux, et décanter la dissolution. Elle doit être jaune brillante ; si elle devient laiteuse, comme il arrive quelquefois, elle n'est pas bonne à employer. Il ne faut pas se servir de l'acide appelé *eau forte de teinturier*, à moins qu'il n'ait été conservé pendant un an au moins. On étend le muriate d'étain de beaucoup d'eau ; on plonge l'étoffe dans le bain où on la laisse jusqu'à ce qu'elle soit saturée ; après quoi, on la lave, et on la fait sécher. On ajoute en général du tartre à la dissolution pour la même raison qu'au mordant d'alumine, préparé avec l'alun.

Le docteur Bancroft recommande un mélange d'acide sulfurique et d'acide muriatique comme mordant pour la laine ; il est moins dispendieux que le nitro-muriate et réussit également bien. On peut employer une partie d'étain, deux d'acide sulfurique et trois d'acide muriatique.

Haussman croit l'acétate d'étain préférable au nitro-muriate pour la teinture du coton et du lin. Il le prépare en mêlant l'acétate de plomb et le nitro-muriate d'étain.

La forte affinité de l'oxide rouge de fer pour l'étoffe est assez prouvée par la fixité des taches appelées *moisissures de fer* qui semblent prendre plus d'éclat à mesure qu'on les lave. Le fer est employé dans l'état de sulfate ou d'acétate; le sulfate dissous dans l'eau sert ordinairement pour la laine; on préfère l'acétate pour les autres substances. Il se prépare en dissolvant le fer dans le vinaigre de vin ou de bière : il n'est bon à employer qu'au bout de six semaines ou deux mois.

Les végétaux astringens les plus communément employés sont la noix de galle et le sumac; le tannin, que l'on croit être le même que le principe astringent, a une grande affinité pour l'étoffe et pour plusieurs matières colorantes. On prépare l'étoffe à recevoir la teinture en la plongeant dans une infusion du principe astringent. Les mordans de cette espèce servent le plus souvent pour les couleurs foncées.

L'huile sert de mordant dans la teinture en rouge du coton et du lin ; les fibres de ces deux produits en prennent une légère couche, et attirent alors l'alumine qui fixe la couleur. On emploie aussi plusieurs autres substances, qui sont, comme elle, de bons intermédiaires, quoiqu'ils aient un mode d'action qui n'est pas toujours apparent. Nous avons déjà parlé du tartre et du sel commun; l'acétate de plomb, le muriate d'ammoniaque, le sulfate de cuivre, l'acétate de cuivre, et plusieurs autres substances peuvent être comprises dans ce nombre; on ne les emploie souvent que pour changer la teinte de la couleur.

La teinture est un art tout chimique; ses opérations ne sont qu'un jeu d'affinités, et c'est à la chimie qu'on doit la connoissance de celles-ci. Voici comment Berthollet parle de l'action des mordans :

« Il faut distinguer les couleurs métalliques de celles qui sont particulières aux substances végétales et animales.

» L'oxidation modifie et change les couleurs végétales selon le degré auquel elle est portée.

» Les substances végétales et animales peuvent elles-mêmes posséder une couleur particulière, qui varie suivant les différens états dans lesquels elles passent, ou elles peuvent devoir leurs couleurs aux particules colorantes, soit combinées ou simplement mêlées avec elles; ces particules sont extraites de différentes substances, et subissent diverses préparations pour être propres à la teinture. »

Les particules colorantes ont des propriétés

chimiques qui les distinguent de toutes les autres substances : l'attraction qu'elles ont pour
les acides, les alcalis, les terres, les oxides
métalliques, l'oxigène et l'étoffe, est la principale.

Les matières colorantes, selon l'attraction
qu'elles ont pour la laine, la soie, le coton ou
la toile, s'unissent plus ou moins promptement et plus ou moins intimement avec chacune de ces substances, et c'est la première
cause qui nécessite une variation dans les
procédés.

Par leur attraction pour l'alumine et les
oxides métalliques, les matières colorantes
forment avec ces substances des composés
dans lesquels leur couleur est plus ou moins
modifiée, devient plus fixe, et est plus difficilement affectée par les agens extérieurs
qu'auparavant. Ce composé étant formé de
principes qui s'unissent séparément aux substances végétales, et plus spécialement aux
substances animales, conserve cette propriété
et forme un composé triple avec l'étoffe, et
la couleur qui a été modifiée par la formation
de cette combinaison triple acquiert un plus
grand degré de fixité et d'indestructibilité par
les agens extérieurs. Les molécules colorantes
ont souvent une si grande attraction pour
l'alumine et les oxides métalliques, qu'elles

les séparent des acides qui les tiennent en dissolution, et les précipitent avec elles ; mais l'attraction de l'étoffe est quelquefois nécessaire pour produire cette séparation.

Les oxides métalliques qui se combinent avec les particules colorantes, modifient leurs couleurs, non seulement par eux-mêmes, mais par l'action de leur oxigène. Le changement que les particules colorantes éprouvent est semblable à celui occasionné par l'air, qui altère plus ou moins toutes les couleurs.

Des principes constituans de l'atmosphère, l'oxigène est le seul qui agisse sur les particules colorantes; il se combine avec elles et affoiblit leur couleur ; mais son action s'exerce principalement sur l'hydrogène qui entre dans leur composition, avec lequel il forme de l'eau. Ce changement, qui est en effet une espèce de combustion, rend prédominant le charbon qui entre dans les particules colorantes, et la couleur se change ordinairement en jaune, en couleur fauve ou brune, ou la partie altérée, en s'unissant à ce qui reste de couleur originelle, produit d'autres nuances.

La lumière favorise la combinaison des particules colorantes, qui souvent ne peut avoir lieu sans son aide, et contribue ainsi à la destruction des couleurs. La chaleur la hâte aussi, mais moins que la lumière, à moins qu'elle n'ait un certain degré d'intensité. C'est à une combustion semblable qu'on attribue les effets de l'acide nitrique foible, de l'acide oximuriatique, et même de l'acide sulfurique, lorsqu'ils font passer les couleurs au jaune et même au noir. Les effets de la combustion peuvent cependant être imperceptibles, lorsque l'oxigène se combine avec les parties colorantes, sans agir particulièrement sur l'hydrogène.

Les couleurs sont plus ou moins durables, ou plus ou moins fixes, selon la tendance plus ou moins grande des parties colorantes à subir la combustion, et selon que celle-ci est portée à un état plus ou moins avancé.

Il y a aussi quelques substances qui peuvent agir sur la couleur de l'étoffe par une attraction supérieure ou par une puissance dissolvante; et c'est dans celle-ci que consiste l'action *usuelle* des acides, des alcalis et du savon. Une petite proportion de ces agens peut quelquefois former des sur-composés avec l'étoffe, et par là en changer la couleur.

Les oxides métalliques produisent dans les matières colorantes auxquelles ils s'unissent un degré de combustion proportionné à la quantité d'oxigène qu'ils leur cèdent. Les couleurs que prennent les composés d'oxides métalliques et de parties colorantes sont en conséquence le produit des couleurs propres aux molécules tinctoriales et aux oxides; mais il faut les considérer les uns et les autres dans cet état où ils ont été réduits par la diminution de l'oxigène dans l'oxide, et celle de l'hydrogène dans les particules colorantes. Il suit de là :

1°. Que les oxides métalliques dans lesquels l'oxigène est légèrement fixé ne peuvent servir d'intermédiaires pour unir les particules colorantes, parce qu'ils les combinent à un trop haut degré; tels sont les oxides d'argent, d'or et de mercure.

2°. Que les oxides qui changent beaucoup de couleur, en cédant plus ou moins de leur oxigène, sont aussi de mauvais intermédiaires, surtout pour les teintes légères, parce qu'ils produisent des couleurs changeantes; tels sont les oxides de cuivre, de plomb et de bismuth.

3°. Que les oxides qui retiennent fortement leur oxigène, et qui changent très-peu de couleur par la portion qu'ils en perdent, sont plus propres à cet objet; tel est particulièrement l'oxide d'étain, qui abandonne facilement le menstrue, qui a une forte attraction pour les particules colorantes, qui leur donne une base très-blanche et propre à donner de l'éclat à leurs teintes, sans les altérer par un mélange d'autre couleur. L'oxide de zinc possède quelques unes de ces qualités.

Pour se rendre compte des couleurs produites par l'union des particules colorantes avec la base que leur donne le mordant, il faut considérer dans quelle proportion les particules colorantes s'unissent à cette base ; ainsi la dissolution d'étain, qui produit un précipité très-abondant avec une dissolution de molécules tinctoriales, et qui prouve ainsi que l'oxide d'étain entre en grande proportion dans le précipité, a beaucoup plus d'influence sur la couleur de celui-ci par la blancheur de sa base, que la dissolution de zinc ou celle d'alun, qui produisent l'une et l'autre des précipités moins abondans, et qui conservent presque la teinte naturelle des particules colorantes. Il faut distinguer, dans l'action des mordans, les combinaisons auxquelles ils peuvent donner lieu entre les particules colorantes, l'étoffe et les intermédiaires ; les proportions des substances colorantes et des intermédiaires, les modifications de couleur que peut produire le mélange de la couleur des particules colorantes et de celle de la base à laquelle elles sont unies ; et enfin les changemens que les particules colorantes peuvent éprouver par la combustion que produit la substance intermédiaire.

Les astringens ne tirent pas leur propriété caractéristique d'un acide ou de tout autre principe individuel qui est toujours le même, mais de la faculté qu'ils ont de s'unir à l'oxide de fer, de réduire celui-ci à l'état d'oxide noir, et de se colorer eux-mêmes en noir par la combustion qu'ils subissent. Les noix de galle, qu'on peut considérer comme représentant tous les astringens, éprouvent promptement une légère combustion qui leur donne une couleur brune foncée; mais cette combustion, qui n'exige qu'une petite quantité d'oxigène, cesse bientôt, sans altérer leurs propriétés. Les noix de galle doivent leur stabilité à la grande proportion de carbone qu'elles contiennent, et comme elles ont la propriété de se combiner avec quelques substances végétales, avec plusieurs matières colorantes, et surtout avec les substances animales, elles leur servent d'intermédiaire, et leur communiquent la solidité de leur couleur.

Préparation de la laine pour recevoir la teinture.

La laine est composée de filamens fins, élastiques ; on ne découvre aucune aspérité à leur surface avec le meilleur microscope ; mais si on en presse doucement un brin entre deux doigts, et qu'on le tire avec l'autre main de manière à le faire glisser entre les doigts vers la racine, on éprouve une légère résistance. Si le mouvement va de la racine à l'autre extrémité, on n'en rencontre aucune. On conclut de là que les poils sont barbés comme un épi d'orge, ou sont formés de lamelles qui se couvrent les unes les autres de la racine à la pointe, à peu près comme les écailles de poissons , et c'est sur cette propriété que repose le feutrage ; car quand les fibres sont soumises au mouvement, comme les tissus de laine dans le moulin à foulon ou sous la corde d'un archet, ils se feutrent les uns dans les autres ; l'étoffe se contracte en longueur et en largeur, mais augmente en épaisseur et en solidité, et elle ne s'effile pas en la coupant. Comme cette conformation nuit au cordage et au filage, on huile la laine pour lui ôter son aspérité et la rendre plus facile à travail-

ler. Mais cette couche d'huile devant disparoître pour que la laine puisse recevoir la
teinte convenable, on porte celle qui a été
filée, ou les autres tissus manufacturés, au
moulin, où ils sont soumis à l'action de
larges battoirs dans des fosses pleines d'eau
mêlée de terre à foulon; l'argile rend l'huile
soluble dans l'eau, qui l'emporte et nettoie
parfaitement la laine.

La laine est naturellement enduite d'une
espèce d'huile dont elle doit être dépouillée,
quand on la teint en toison; c'est ce que l'on
fait ordinairement en la mettant chauffer dans
une chaudière qui contient une quantité d'eau
suffisante, mêlée d'un quart d'urine putréfiée,
et en la lavant ensuite à l'eau courante. Dans
ce cas, c'est l'alcali volatil de l'urine qui rend
l'huile de la laine miscible à l'eau.

La laine, la fourrure et les cheveux, ont
précisément la même texture et la même composition chimique, mais les cheveux sont plus
secs, plus forts et en filamens plus épais que
la laine ou la fourrure.

Pour teindre la laine en bleu.

On n'emploie pour teindre en bleu que le
pastel et l'indigo, qui sont l'un et l'autre des
couleurs substantives, c'est-à-dire, qui sont

fixes sans mordant. Le pastel seul ne donne pas un bleu foncé, mais en le mêlant avec l'indigo, on obtient un bain très-riche en couleur. Quatremère recommande le procédé suivant pour préparer une cuve bleue : dans une cuve de sept pieds et demi de profondeur et de cinq pieds et demi de large, on jette deux balles de pastel pesant ensemble 400 livres; mais on les divise auparavant. On fait bouillir dans une chaudière, pendant trois heures, 30 livres de gaude dans une quantité d'eau suffisante pour remplir cette cuve. Lorsque cette décoction est faite, on y ajoute 20 livres de garance et une corbeille de son ; on laisse encore bouillir pendant une demi-heure ; on rafraîchit ensuite avec 20 seaux d'eau : on laisse rasseoir le bain ; on retire la gaude, on transvase ce bain dans la cuve ; enfin, on fait pallier pendant tout le temps de la transvasion, et même un quart d'heure de plus. Toutes ces opérations faites, on couvre la cuve encore chaude ; on la laisse six heures dans cet état, après quoi on la découvre et on la pallie pendant une demi-heure ; on en fait autant de trois heures en trois heures. Lorsqu'on aperçoit des veines bleues à la surface de la cuve, on jette dedans 8 ou 9 livres de chaux vive. C'est immédiatement après avoir mis la chaux, ou en même temps qu'on introduit l'indigo dans la cuve, après l'avoir broyé dans un moulin avec la plus petite quantité d'eau possible. Lorsqu'il est délayé en forme d'une bouillie épaisse, on le soutire par le moyen d'un robinet placé à la partie inférieure du moulin, et on le jette sans autre préparation dans la cuve. La quantité d'indigo qu'il faut mettre dans une cuve est déterminée par la nuance à laquelle on veut amener le tissu : sur une cuve composée dans les proportions ci-dessus, on peut employer sans inconvénient depuis 10 jusqu'à 30 livres d'indigo.

Lorsque, en heurtant la cuve avec le râble, on obtient une belle écume bleue, le bain est bon à employer, après l'avoir pallié deux fois dans l'espace de six heures. Il faut avoir grand soin de ne laisser la cuve exposée à l'air que le temps nécessaire pour la pallier. Aussitôt que cette opération est faite, on ferme son ouverture avec un grand couvercle de bois, sur lequel on étend d'épaisses couvertures, et on réunit tous les moyens pour maintenir la chaleur de la cuve sans l'intermède du feu ; mais, malgré ces précautions, la chaleur ne peut se conserver qu'un certain espace de temps. Au bout de huit ou dix jours elle se trouve fort affoiblie, et elle se dissiperoit entièrement si on ne réchauffoit la liqueur. Cette opération consiste à transvaser la plus grande partie du bain de la cuve dans une chaudière sous laquelle on allume un grand feu. Lorsque le bain a reçu une chaleur suffisante, on le fait reposer dans la cuve de la même manière, et on le recouvre comme auparavant.

Cette cuve est sujette à deux inconvéniens : d'abord, elle éprouve quelquefois la fermentation putride, ce que l'on reconnoît à l'odeur fétide qu'elle exhale et à la couleur rougeâtre qu'elle prend. On peut prévenir cet accident en y ajoutant plus de chaux ; alors on pallie la cuve, et, deux heures après, on y met la chaux, en palliant le bain de nouveau. On répète cette opération jusqu'à ce que la cuve soit recouverte. Secondement, si on y ajoute trop de chaux, on retarde la fermentation nécessaire ; on remédie à cet inconvénient en mettant plus de son ou de garance, ou un panier ou deux de pastel neuf.

On pallie la cuve deux heures avant de teindre ; et, pour éviter que le marc qui se dépose au fond ne produise des inégalités dans la couleur, on introduit dans la cuve une espèce de treillis formé par de grosses cordes, qu'on appelle *champagne* ; et même, lorsqu'on veut teindre des laines en toison, on établit au-dessus un filet à mailles serrées ; on mouille bien dans l'eau claire et un peu chaude les laines ou les étoffes ; on les exprime et on les plonge dans la cuve, où on les mène plus ou moins long-temps, selon que l'on désire une couleur plus ou moins foncée, en les retirant de temps en temps, et en les exposant à l'air dont l'action est nécessaire pour changer en bleu la couleur verte que le bain communique à l'étoffe. Les laines et les étoffes teintes de cette manière doivent être lavées avec beaucoup de soin, pour entraîner la matière colorante qui n'est pas fixée sur le tissu ; et quand elles sont d'un bleu un peu foncé, il faut les laver avec un peu de savon qui n'altère point la couleur. Plus la laine est nettoyée, mieux elle reçoit la teinture.

On donne le nom de *cuve d'indigo* à une cuve dans laquelle on ne fait point entrer de pastel. On prépare cette cuve en faisant dissoudre l'indigo dans l'eau par la potasse, au lieu de chaux. On se sert pour cela d'une chaudière de cuivre, dans laquelle on fait bouillir 6 livres de potasse, 12 onces de garance et 6 livres de son, pour 480 pintes d'eau ; on y verse ensuite 6 livres d'indigo en poudre fine ; on pallie avec soin, on ferme la cuve ; on entretient un peu de feu autour ; on la pallie une seconde fois douze heures après, et ainsi de suite de douze heures en douze heures, jusqu'à ce qu'elle soit venue à bleu, ce qui arrive ordinairement au bout de quarante-huit heures : si on l'a bien gouverné, le bain sera d'un beau vert, couvert de plaques cuivrées et d'une belle écume bleue.

On appelle *bleu de Saxe* la teinture faite par la dissolution de l'indigo dans l'acide sulfurique. Prenez quatre parties d'acide sulfurique et versez-les sur une partie d'indigo en poudre fine ; agitez le mélange pendant quelque temps, et laissez-le reposer pendant vingt-quatre heures, après quoi vous y ajoutez une partie de potasse ; agitez bien le tout; laissez reposer un jour et une nuit, et ajoutez par degrés plus ou moins d'eau. On prépare l'étoffe à teindre avec du tartre et de l'alun, et on y ajoute plus ou moins d'indigo dans le bain, selon la nuance qu'on veut obtenir. Pour les nuances foncées, il faut aussi passer l'étoffe plusieurs fois dans le bain; on peut teindre en nuances claires avec les bains qui ont servi aux nuances foncées, mais on n'obtient jamais un si beau lustre qu'avec des cuves neuves.

Pour teindre la laine en rouge.

Les rouges sont une classe très-importante de couleurs qu'on obtient avec un grand nombre de substances. Ils dépendent tous pour leur fixité ou leur beauté de l'usage des mordans. Les principaux sont le kermès, la cochenille, l'orseille, la garance, le carthame et le bois de Brésil. Le kermès et la cochenille sont les femelles de deux insectes différens : l'orseille est une espèce de lichen ou mousse dont on relève la couleur par l'urine ou la chaux vive ; la garance est une racine, le carthame une fleur, et le bois de Brésil le tronc ou la partie ligneuse de l'arbre de ce nom. On peut se servir pour la préparation de tous les bains rouges de chaudières d'étain ou de cuivre étamé.

On distingue ordinairement en trois classes les nuances rouges ; savoir : le rouge de garance, le cramoisi et l'écarlate. La garance sert pour les tissus grossiers ; elle cède sa couleur à l'eau, et le bain préparé avec cette substance n'est pas porté à une chaleur plus grande que celle que la main peut endurer, jusqu'à ce que la laine ait été dedans environ une heure ; on peut le faire bouillir alors pendant quelques minutes avant de retirer la laine. On peut employer la garance dans la proportion d'un tiers ou d'un quart de la substance à teindre. On prépare les étoffes pour le bain de garance en les faisant bouillir deux ou trois heures dans une dissolution d'alun et de tartre, et, après les en avoir retirées, on les laisse égoutter quelques jours dans un lieu frais avant de les passer à la teinture. L'emploi de l'orseille donne à la teinture de garance une fleur belle, mais passagère : l'orseille et le bois de Brésil, à cause de l'instabilité de leur couleur, ne sont employés que comme auxiliaires.

Quand le sulfate de cuivre est le mordant employé, la garance donne un brun clair, inclinant au jaune ; l'étain donne quelque éclat à sa couleur.

Le kermès n'est que peu employé depuis qu'on sait donner de l'éclat à la cochenille, au moyen de l'étain, parce qu'il n'a pas une si belle fleur que cette dernière teinture, quoiqu'il dure plus long-temps. Le kermès communique sa couleur à l'eau, et il doit entrer dans le bain, pour une couleur riche, dans la proportion de 3/4 au moins du poids de la laine employée. Pour teindre la laine avec le kermès, on commence par la faire bouillir pendant une demi-heure dans l'eau avec du son, ensuite deux heures dans un autre bain avec un dixième de tartre dissous dans de l'eau *sûre;* on la retire après cette ébullition, et on l'enferme dans un sac de toile pendant quelques jours ; après quoi on la trempe dans le bain de kermès.

On extrait la couleur rouge des fleurs de carthame par une foible lessive alcaline, et on la précipite par le jus de citron ou l'acide sulfurique; elle sert surtout pour teindre la soie et le coton. Le précipité prend le nom de *safran bâtard.*

La cochenille, dont la couleur naturelle est un cramoisi inclinant au jaune, cède à l'eau la plus grande partie de sa matière colorante, et une addition d'alcali ou de tartre l'en extrait en entier. Pour teindre en cramoisi par un procédé simple, on emploie pour chaque livre d'étoffe une dissolution de deux onces et demie d'alun et une once et demie de tartre, avec une once de cochenille. Pour un beau cramoisi, on ajoute un peu de muriate d'étain. L'orseille donne aux cramoisis cette belle nuance noire appelée *fleur;* mais elle s'en va bientôt par l'exposition à l'air et à la lumière. Pour les cramoisis pâles, on réduit la quantité de cochenille, et on substitue de la garance.

Le docteur Bancroft est le premier qui ait annoncé que l'écarlate est un composé de cramoisi et de jaune; il a indiqué une méthode de l'obtenir plus économique que celle dont on faisoit usage; voici en quoi consiste son procédé pour teindre en écarlate : on met cent livres d'étoffe dans un vase d'étain, presque plein d'eau, avec laquelle on a préalablement mêlé huit livres d'une dissolution murio-sulfurique. On fait bouillir la liqueur, et on retourne l'étoffe avec une manivelle, à la manière ordinaire, pendant un quart d'heure. On la retire ensuite, on jette dans le bain quatre livres de cochenille avec deux livres et demie d'écorce de quercitron en poudre, et on mêle bien le tout. On remet l'étoffe dans la liqueur que l'on fait bouillir, et on continue l'opération comme à l'ordinaire, jusqu'à ce que la couleur soit parfaitement prise et le bain épuisé, ce qui arrive ordinairement en quinze ou vingt minutes, après quoi on retire l'étoffe, et on la rince. En suivant cette méthode, on économise le travail et le combustible que demande le second bain que prescrit le procédé ordinaire ; l'opération est beaucoup moins longue ; on économise aussi tout le tartre, ainsi que les deux tiers des frais du dissolvant pour l'étain, et au moins un quart de la cochenille qu'on emploie ordinairement; en même temps la couleur ne le cède en rien à celle qui est obtenue par la voie ordinaire à si grands frais et avec tant de peine ; elle a même un plus bel aspect que l'autre à la chandelle.

En omettant l'écorce de quercitron, on obtient par le procédé ci-dessus une couleur rose.

On peut changer l'écarlate en cramoisi, en faisant bouillir l'étoffe dans une dissolution d'alun, jusqu'à ce qu'on obtienne la nuance désirée ; les alcalis et les sels terreux produisent le même effet que l'alun.

La dissolution murio-sulfurique d'étain qu'on emploie ici, se prépare en mêlant deux livres d'acide sulfurique avec trois livres d'acide muriatique, et en versant le tout sur quatorze onces d'étain en grenaille. L'application de la chaleur est nécessaire pour hâter la dissolution.

Pour teindre la laine en jaune.

La gaude, le fustet, l'écorce de quercitron fournissent les meilleurs jaunes. Il y a deux espèces de gaude ; la gaude sauvage qui croît naturellement dans les campagnes, et la gaude cultivée ; sa tige est mince, et s'élève à la hauteur de trois ou quatre pieds ; on cueille la plante lorsqu'elle est mûre ; elle sert tout entière dans la teinture ; les tiges les plus courtes et les plus minces sont les plus estimées. Le fustet est le bois d'un grand arbre des Indes occidentales ; le quercitron est une espèce de chêne qui croît dans l'Amérique du nord, où on l'appelle *chéne jaune;* on n'en emploie que l'écorce pour la teinture.

Les couleurs obtenues avec la gaude et l'écorce de quercitron ont à peu près la même nuance et la même permanence, toutefois celle-ci n'est pas grande ; mais l'écorce contenant plus de matière colorante, est non seulement la plus convenable à employer, mais, tout considéré, la moins dispendieuse. C'est au docteur Bancroft qu'on doit le meilleur mode de l'employer. Voici ce qu'il prescrit pour donner à la laine un jaune vif et foncé : faites bouillir l'étoffe pendant une heure ou plus avec un sixième de son poids d'alun dissous dans une quantité d'eau convenable ; plongez-la ensuite, sans la rincer, dans un bain d'eau chaude contenant un poids d'écorce de quercitron égal à celui de l'alun employé comme mordant. On retourne l'étoffe dans le liquide bouillant jusqu'à ce qu'elle ait acquis la couleur désirée. On jette ensuite dans le bain une quantité de craie en poudre, égale au centième du poids de l'étoffe ; on agite, et on continue l'opération pendant huit ou dix minutes de plus.

Pour le jaune brillant orange, mettez pour dix parties d'étoffe une partie d'écorce dans une quantité convenable d'eau chaude; ajoutez-y, après quelques minutes, une quantité égale de murio-sulfate d'étain, et agitez bien le mélange; l'étoffe prend la couleur en quelques minutes. On peut obtenir toutes les teintes de jaune d'or en employant différentes proportions d'alun avec l'étain.

Pour un jaune riche brillant, inclinant légèrement au vert, employez pour cent parties d'étoffe, huit parties d'écorce, six de murio-sulfate d'étain, six d'alun et quatre de tartre. La nuance verte est plus vive, si on augmente la proportion d'alun et de tartre. Une petite proportion de cochenille portera la couleur à un bel orange, et même à l'aurore.

La gaude communique promptement sa couleur à l'eau; on l'emploie dans la proportion de trois à six livres pour chaque livre d'étoffe; avant de teindre la laine, on la met bouillir dans un bain contenant quatre onces d'alun et une de tartre pour chaque livre d'étoffe. On emploie souvent une plus grande proportion de tartre pour rendre la couleur *plus vive*; le sel commun la rend plus foncée.

On fait bouillir la gaude et l'écorce de quercitron l'une et l'autre dans des sacs de toile claire.

Le fustet donne un jaune plus durable que la gaude ou le quercitron, mais qui est moins beau. L'alun est son mordant ; sa couleur incline plus vers l'orange que celle de la gaude.

Pour teindre la laine en noir.

On teint la laine en noir avec l'oxide rouge de fer et les noix de galle, qui donnent une couleur inaltérable : on se sert du bois de campêche pour donner du lustre et de la richesse à la couleur; mais quand on veut donner à l'étoffe le noir le plus parfait, on la teint d'abord en bleu, et on la lave; quant aux tissus grossiers pour lesquels le bleu seroit trop dispendieux, on les teint d'abord en brun avec du brou de noix, ou avec de la racine de noyer.

Lorsque l'étoffe est teinte en bleu ou brun, selon sa qualité, on la fait bouillir pendant deux heures dans une décoction de noix de galle, et on la tient ensuite pendant deux heures encore dans un bain de bois de campêche et de sulfate de fer maintenu pendant tout le temps à une chaleur voisine de l'ébullition. Dans le cours de l'opération il faut exposer souvent l'étoffe à l'air, parce que l'oxide vert de fer dont le sulfate est composé, doit se convertir en oxide rouge , en absorbant l'oxigène , avant que l'étoffe puisse recevoir sa couleur convenable. Les proportions ordinaires sont cinq parties de noix de galle, cinq de sulfate de fer, et trente de bois de campêche pour cent parties d'étoffe ; l'addition d'un peu d'acétate de cuivre au sulfate de fer fait bien.

Pour teindre la laine en couleur brune ou fauve.

Le brou de noix sert généralement pour teindre en couleur brune ou fauve. Il est vert lorsqu'il recouvre la noix ; mais lorsqu'on l'expose à l'air il se noircit. On en remplit ordinairement de grandes cuves, et on y met assez d'eau pour qu'il en soit recouvert ; on le conserve en cet état pendant un an avant de l'employer. Il cède promptement sa couleur à l'eau chaude , et il n'y a rien à faire qu'à tremper la laine dans la décoction jusqu'à ce qu'elle ait la couleur désirée. On suppose que la matière colorante est combinée avec du tan, raison pour laquelle il n'est pas absolument besoin de mordant; cependant l'alun ou l'oxide d'étain donne de l'éclat à la couleur; la racine de noyer contient la même espèce de matière colorante , mais pas en si grande abondance. L'étoffe doit être mouillée avec de l'eau chaude avant d'être plongée dans la cuve.

Le sumac, employé seul, produit aussi une couleur fauve, inclinant au vert ; le santal rouge donne une couleur fauve inclinant au rouge ; on l'emploie rarement seul, parce qu'il fournit peu de couleur ; mais comme celle qu'il donne est solide, on le mêle avec le sumac, le brou de noix, les noix de galle et l'écorce d'aune pour varier leurs nuances ; et, de cette manière, sa couleur est plus facilement dégagée.

De la teinture de la soie.

Les fibres de la soie sont naturellement couvertes d'une espèce de gomme ou vernis, et presque toute la soie connue en Europe, a une teinte jaunâtre qu'il faut faire disparoître ainsi que le vernis, pour la plupart des usages auxquels elle est appliquée. On la nettoie ordinairement avec le savon. Le nettoyage n'est pas porté si loin, ou en d'autres termes, on emploie moins de savon lorsque la soie est à teindre que lorsqu'elle doit rester blanche. Pour les couleurs ordinaires, on fait bouillir cent livres de soie pendant trois ou quatre heures dans une dissolution de vingt

livres de savon, et on ajoute de l'eau à mesure qu'elle s'évapore, de manière que la soie
en soit toujours couverte. On augmente la
proportion de savon pour le bleu, et encore
plus pour l'écarlate et autres couleurs brillantes, parce qu'elles exigent un fond très-blanc.

En nettoyant les soies qui doivent rester
blanches, on leur donne une teinte par l'addition d'une petite quantité de diverses matières colorantes; on emploie le rocou pour
le blanc de Chine, et un peu de bleu pour
le blanc d'azur.

Quand la soie est débarrassée de son vernis
et de sa couleur jaune, on peut l'exposer, pour
la blanchir encore, dans une étuve, à la vapeur du soufre. Mais quoique le gaz acide
sulfureux ainsi appliqué blanchisse promptement et embellisse la soie, et forme par là un
beau fond pour les couleurs vives, il la charge
néanmoins d'un peu de soufre qu'il faut éloi-
gner en la trempant et en l'agitant long-temps
dans l'eau; autrement, il terniroit la couleur
produite par la teinture.

On aperçoit le lustre naturel et tant admiré
de la soie, à travers toutes les couleurs qu'elle
reçoit; mais comme les acides, les alcalis et
autres agens énergiques tendent à le diminuer,
il faut les employer modérément dans la teinture de la soie.

L'intervention des mordans est nécessaire dans presque toutes les teintures qu'on donne à la soie ; l'alun est très-communément employé. Lorsque la soie est tordue et rincée avec soin, et qu'elle ne contient plus de dissolution de savon, on la plonge dans le bain d'alun pendant huit ou neuf heures, après quoi on la tord et on la rince à l'eau courante. Pour cent cinquante livres de soie, le bain doit contenir quarante ou cinquante livres d'alun de Rome, qu'on fait dissoudre dans l'eau chaude, et auxquelles on ajoute ensuite cent soixante ou deux cents pintes d'eau. La liqueur d'alun s'emploie froide ; sans quoi, elle détérioreroit le lustre de la soie.

Pour teindre la soie en bleu.

On peut teindre la soie en bleu dans la cuve d'indigo dont nous avons parlé, mais il vaut mieux employer une plus grande proportion d'indigo. Comme la soie est sujette à recevoir la couleur inégalement, il faut la tremper dans le bain en petites portions à la fois, et, après l'avoir retournée une fois ou deux dans le bain, l'exposer à l'air pour convertir sa couleur verte en bleu. Il faut faire sécher promptement la soie teinte en bleu.

L'indigo ne donne un bleu foncé que lorsqu'on a préparé l'étoffe en lui donnant une couleur de fond, avant de la tremper dans le bain. Pour le bleu de Turquie, qui est le plus foncé, on emploie d'abord un bain très-riche d'orseille, et, pour le bleu royal de France, un bain plus foible de même espèce. La cochenille peut servir de fond pour un bleu plus durable encore ; le vert-de-gris et le bois de campêche peuvent aussi être employés pour donner une couleur préparatoire, mais le bleu qu'ils fournissent dure peu. On fixe davantage la couleur en employant un fond clair de vert-de-gris et de bois de campêche après le bain d'orseille, et en colorant enfin en bleu.

Quand on teint la soie crue en bleu, on choisit la plus blanche ; et, comme elle prend la couleur plus promptement que la soie nettoyée, il faut, quand on le peut, teindre d'abord cette dernière, si l'une et l'autre doivent être trempées dans la même cuve.

On produit le bleu d'Angleterre avec le sulfate d'indigo. On teint d'abord la soie en bleu clair, on la trempe dans l'eau chaude, on la lave à l'eau courante, et on la laisse jusqu'à ce qu'elle ait obtenu la nuance désirée, dans un bain de sulfate d'indigo, auquel on a ajouté un peu d'étain. Avant de mettre la soie dans ce bain, elle doit tremper un court espace de temps dans la dissolution d'alun.

Pour teindre la soie en rouge.

On peut teindre la soie en cramoisi, en la trempant dans une dissolution d'alun, et en la teignant ensuite, à la manière usuelle, dans un bain de cochenille ; mais, par le procédé ordinaire, on plonge la soie, après l'avoir alunée, dans un bain fait des ingrédiens suivans : deux parties de noix de galle blanches, trois de cochenille, trois seizièmes de tartre, et autant de nitro-muriate d'étain pour seize parties de soie. On met les ingrédiens dans l'eau bouillante, en suivant l'ordre que nous avons indiqué ; on remplit ensuite le bain avec de l'eau froide, on met la soie dedans, et on fait bouillir pendant deux heures. Lorsque le bain est froid, on y laisse encore ordinairement la soie trois heures.

La soie ne peut être teinte en écarlate foncé, mais on peut lui donner une couleur approchante, en imprégnant d'abord l'étoffe de murio-sulfate d'étain, et en la teignant ensuite dans un bain fait de quatre parties de cochenille et autant d'écorce de quercitron. Pour donner plus de corps à la couleur, on peut faire une seconde application de mordant et de teinture. On peut aussi donner à la soie une couleur approchant de l'écarlate en la teignant d'abord en cramoisi, ensuite avec le carthame, et enfin en jaune sans chaleur.

On donne à la soie les couleurs pavot, cerise, rose, et les couleurs de chair avec le carthame, dont on emploie la dissolution alcaline en y ajoutant du jus de citron.

Le kermès ne sert pas dans la teinture de la soie; la garance et le bois de Brésil ne s'emploient que rarement.

Pour teindre la soie en jaune.

La gaude et l'écorce de quercitron conviennent l'une et l'autre pour la teinture de la soie en jaune, et quoiqu'on ait donné souvent la préférence à la première pour la couleur et la permanence, il n'est pas facile de justifier ce choix, mais le quercitron est moins cher. On emploie de une à deux parties d'écorce pour douze de soie, selon la nuance qu'on veut obtenir. On enferme l'écorce dans un sac clair, on la met dans la cuve avant de faire chauffer l'eau, et quand le bain est à 100° Farenheit, on met la soie dedans, après l'avoir préalablement alunée, et on l'y laisse jusqu'à ce qu'elle ait acquis la couleur désirée.

Quand on veut une nuance foncée, on emploie un peu de craie ou de perlasse vers la fin de l'opération. Pour un jaune vif, on peut y ajouter un peu de murio - sulfate d'étain; mais il faut recueillir ce mordant, parce qu'il détériore le lustre de la soie.

On teint la soie en belles couleurs orange, jonquille et aurore, en la trempant dans une dissolution alcaline de rocou. Pour l'orange, on sature l'alcali avec le jus de citron. Les couleurs qu'on obtient de cette manière sont belles, mais passagères.

Teinture de la soie en noir.

La soie se teint en noir presque de la même manière que la laine; mais on emploie une plus grande quantité de noix de galle, et on laisse la soie dedans, en entretenant le bain chaud douze heures au moins; après quoi, on l'en retire, et on la lave à l'eau courante. Après l'engallage, la soie est mise dans une dissolution de sulfate de fer auquel on ajoute ordinairement de la gomme et des rognures de fer. Quand la gomme est dissoute et le bain à la chaleur de l'ébullition environ, on introduit la soie en petites portions; dans le cours de l'opération, on l'en retire de temps en temps, on la tord, et on l'expose à l'air pour lui donner une couleur plus foncée. Si la nuance n'est pas assez noire, on ajoute alors plus de gomme et de sulfate de fer, on trempe de nouveau la soie dans le bain, et on la presse ensuite. Quand la teinture est achevée, on rince bien la soie à l'eau froide; après quoi, on la tient péndan un quart d'heure dans une dissolution de savon pour lui enlever l'âpreté que la teinture noire lui donne.

Quand on teint la soie crue en noir, celle de couleur jaune est préférée; la liqueur de noix de galle et le bain doivent l'un et l'autre être froids, pour empêcher la dissolution de se couvrir de gomme. Si la liqueur de noix de galle est foible, il est nécessaire de laisser la soie dedans pendant quelques jours. On teint plus facilement la soie crue en noir et autres couleurs que la soie blanchie, mais celles de la première sont moins durables.

Pour teindre la soie en brun.

Le brou de noix, en opérant comme pour la laine, donne à la soie un brun durable et peu coûteux, quoique assez chargé.

De la teinture du coton et de la toile.

Les substances animales ont plus de tendance que les végétales à entrer dans de nouvelles combinaisons ; de là les substances animales, la soie et la laine, ont une plus forte affinité pour les matières colorantes, et sont en conséquence plus faciles à teindre, et retiennent mieux leurs couleurs que les productions végétales, telles que le coton et la toile. La laine est la plus facile à teindre non seulement à cause de sa composition chimique, mais encore à cause de l'organisation particulière de sa surface, qui retient plus facilement les molécules colorantes ; sous ce rapport, on ne peut comparer la soie à la laine, car ses affinités, quoique semblables, sont plus foibles, et son organisation est différente ; on peut conclure, par l'acide oxalique qu'elle fournit, lorsqu'elle est traitée par l'acide nitrique, qu'elle tient le milieu entre les substances animales et végétales, et il y a lieu de penser en conséquence qu'elle est le produit d'une sécrétion imparfaitement animalisée. Après la soie, c'est le coton qui est le plus facile à teindre ; le lin et le chanvre viennent ensuite.

La structure des fibres du coton n'est pas parfaitement connue ; on sait seulement qu'elles ne sont pas lisses comme la laine et les cheveux. C'est à ces aspérités qu'on attribue la supériorité du coton sur la toile pour recevoir et retenir les couleurs; car elles paroissent balancer en partie le défaut des affinités plus fortes des substances animales. Le coton est en général presque blanc; la seule espèce qui soit beaucoup colorée est d'un jaune brunâtre qu'on fabrique dans son état naturel et qu'on vend sous le nom de *nankin*; la beauté et la permanence de la couleur de ce tissu surpassent tout ce qu'on pourroit produire par l'art.

Le coton cru, comme la soie crue, se teint plus facilement que celui qui a été blanchi. Le procédé pour blanchir le coton est le même que celui employé pour la toile. L'acide oximuriatique le prépare convenablement à recevoir des couleurs durables et belles. Le coton n'est pas attaqué, comme la laine et la soie, par les acides et les dissolutions alcalines; on peut conséquemment le traiter par ces agens avec plus de liberté. Pour nettoyer le coton cru, il est d'usage de le faire bouillir pendant deux heures ou plus dans de l'eau sûre ou une lessive alcaline; après quoi, on le tord, on le rince, et on le fait sécher. Les objets manufacturés sont trempés dans de l'eau contenant un cinquantième d'acide sulfurique.

Lorsque le coton est sec, on l'alune; on emploie une dissolution de quatre onces d'alun pour chaque livre d'étoffe; on l'agite bien dans la dissolution, pour l'imprégner partout, et on l'y laisse ensuite vingt-quatre heures: après quoi, on le rince, et on le met tremper dans l'eau courante une heure ou deux.

Lorsque le coton a reçu l'alunage, il est souvent nécessaire de l'engaller; l'engallage doit se faire de la même manière que l'alunage, excepté que le coton n'a pas besoin de rester plus des deux tiers du temps dans la liqueur de noix de galle, à moins qu'on ne veuille le teindre en noir. L'opération se fait à froid, quand l'étoffe a déjà reçu une couleur.

Mais de toutes les préparations que subit le coton pour recevoir la teinture, celle de l'animalisation est la plus indispensable pour obtenir des couleurs qui soient en même temps belles et durables. Cette opération consiste à imprégner le coton d'une dissolution de matière animale; on pourra s'en faire une idée par le procédé que nous décrirons pour teindre en rouge de Turquie.

Le lin ou la toile et le chanvre, sous le rapport de la teinture, ont les mêmes propriétés que le coton, et subissent précisément e mêmes opérations de blanchîment, d'alunage et d'engallage.

Pour teindre le coton et la toile en bleu.

Mettez une partie d'indigo, une de sulfate vert de fer et deux de chaux vive, dans une quantité suffisante d'eau, et agitez bien le mélange. La dissolution est d'abord verte, mais elle prend peu à peu une couleur jaune, et sa surface se couvre d'une pellicule cuivrée et brillante. On laisse l'étoffe dans la dissolution pendant cinq ou six minutes. Quand on l'en retire, elle est jaunâtre, mais elle devient bientôt verte et ensuite bleue par l'oxigène qu'elle absorbe. Haussman observe que l'étoffe prend une couleur plus foncée en la plongeant, lorsqu'on la retire de la cuve de teinture, dans de l'eau acidulée d'acide sulfurique. Il est d'usage d'employer une suite de bains de différentes forces, en commençant par le plus foible ; de cette manière l'étoffe reçoit une couleur plus uniforme.

Pour teindre le coton et la toile en rouge.

P. J. Papillon établit une teinturerie à Glascow pour donner au coton filé la belle couleur appelée rouge de Turquie ou d'Andrinople. En 1790, les commissaires chargés de l'inspection des manufactures d'Ecosse donnèrent une prime à ce fabricant, pour qu'il communiquât son procédé au docteur Black, à condition qu'on ne l'emploieroit, ni ne le divulgueroit pendant un certain nombre d'années. A l'expiration de ce temps, le docteur Black le publia tel qu'il suit :

Art. I. — Pour 100 livres de coton, prenez 100 livres de soude d'Alicante, 20 livres de perlasse et 100 de chaux vive. La soude est mêlée avec de l'eau douce dans une grande cuve, qui a un petit trou près du fond, bouché d'abord avec un fausset. Ce trou est couvert à l'intérieur d'une étoffe supportée par deux briques, pour empêcher les cendres de tomber dedans et de le boucher, lorsque la lessive filtre à travers. Sous cette cuve en est une autre pour recevoir la lessive, et on jette à plusieurs reprises de l'eau pure sur la première lessive pour former des lessives de différentes forces, que l'on met à part. La plus forte doit porter un œuf, et s'appelle lessive de six degrès à l'hydromètre ou pèse-liqueur. On porte celles qui sont plus foibles à cette force en les passant sur de la nouvelle soude; mais on réserve une certaine quantité de la lessive foible qui est à deux degrés de l'hydromètre pour dissoudre l'huile, la gomme et le sel qu'on emploie dans les opérations subséquentes. Cette lessive s'appelle liqueur foible de soude et l'autre lessive forte.

Faites dissoudre la perlasse dans dix seaux d'eau douce de 16 pintes chaque, et la chaux dans 14 seaux.

Laissez reposer toutes les liqueurs jusqu'à ce qu'elles soient parfaitement claires, et mêlez ensuite dix seaux de chacune. Faites bouillir le coton dans le mélange pendant cinq heures; lavez-le ensuite à l'eau courante, et faites sécher.

II. *Bains de fiente* ou *bains gris*. — Prenez une quantité convenable (dix seaux) d'eau forte de soude dans une cuve, et délayez dedans deux seaux de crottin de mouton, versez-y ensuite deux pintes d'acide sulfurique avec une livre de gomme arabique et une de sel ammoniac, après avoir fait dissoudre l'une et l'autre dans une quantité convenable d'eau foible de soude, et enfin 25 livres d'huile d'olive qu'on a fait dissoudre préalablement ou qu'on a bien mêlée avec deux seaux d'eau foible de soude.

Les ingrédiens de ce bain étant bien mêlés, on foule le coton jusqu'à ce qu'il soit bien imbibé, on le laisse tremper vingt-quatre heures; après quoi, on le presse avec force, et on le fait sécher.

Trempez-le de nouveau vingt-quatre heures,

tordez-le, et faites-le sécher. Trempez-le une troisième fois vingt-quatre heures, après quoi vous le tordez et le faites sécher; enfin lavez-le bien, et faites sécher.

III. *Bain blanc.* — Cette partie du procédé est précisément la même que la dernière, excepté qu'on omet le crottin de mouton dans la composition de ce bain.

IV. *Bain de noix de galle.* — Faites bouillir 25 livres de noix de galle concassées dans dix seaux d'eau de rivière, jusqu'à ce qu'elles soient réduites à quatre ou cinq; passez la liqueur dans une cuve, et versez de l'eau froide sur les noix de galle qui restent sur la passoire pour emporter toute leur teinture.

Aussitôt que la liqueur est à la température du lait sortant du pis de la vache, plongez-y le coton écheveau par écheveau avec beaucoup de soin, et laissez-le tremper vingt-quatre heures. Tordez-le ensuite avec soin et également, et faites-le bien sécher sans le laver.

V. *Premier bain d'alun.* — Faites dissoudre 25 livres d'alun de Rome, dans 14 seaux d'eau chaude, sans la faire bouillir; écumez bien la liqueur, et ajoutez deux seaux d'eau de barille forte, et laissez-la refroidir jusqu'à ce qu'elle soit tiède.

Plongez le coton dedans écheveau par écheveau et laissez-le tremper vingt-quatre heures, après quoi vous le tordez également et le mettez sécher sans le laver.

VI. *Second bain d'alun.* — Pour faire celui-ci on procède en tout comme pour le dernier, excepté que, lorsque le coton est sec, on le trempe pendant six heures dans l'eau de rivière, on le lave ensuite, et on le fait sécher de nouveau.

VII. *Bain de teinture.* — On teint le coton par 10 livres à la fois environ, pour lesquelles on emploie environ 18 pintes de sang de bœuf qu'on mêle dans la chaudière avec 28 *pales* (1) d'eau à la chaleur du lait sortant du pis de la vache ; on agite bien, et on ajoute ensuite 25 livres de garance ; après quoi, on agite encore. Après cela, on plonge dans le bain 10 livres de coton qu'on a étendu préalablement sur des bâtons ; on retourne le coton continuellement pendant une heure en augmentant graduelle-

---

(1) *Pale* est un seau pour traire les vaches.

ment la chaleur. Lorsque la liqueur commence à bouillir, on enfonce le coton, et on le fait bouillir doucement pendant une heure ; enfin on le lave, et on le fait sécher. Cette opération finie, on retire assez de la liqueur bouillante pour que ce qui en reste puisse donner une chaleur de lait sortant du pis de la vache lorsqu'on remplit la chaudière d'eau fraîche, et on procède à faire une liqueur de teinture comme ci-dessus pour 10 autres livres de coton.

VIII. *Bain pour fixer la couleur.* — Mêlez parties égales du bain de fiente et du bain blanc, en prenant 5 ou 6 seaux de chaque. Plongez le coton dans ce mélange et laissez-le tremper six heures, après quoi vous le tordez modérément et également, et le faites sécher sans le laver.

IX. *Bain d'avivage.* — On fait dissoudre avec beaucoup de soin 10 livres de savon blanc dans 15 ou 18 seaux d'eau chaude ; s'il restoit quelques morceaux de savon qui ne fussent pas dissous, ils tacheroient le coton. On ajoute 4 seaux d'eau de soude forte, et on agite bien. On enfonce le coton dans cette liqueur en le tenant sur des bâtons mis en travers, et on couvre la chaudière ; on fait bouillir doucement pendant deux heu-

res, on lave ensuite le coton, on le met sécher, après quoi il est fini.

Vaisseaux. — Le nombre des vaisseaux
nécessaires pour cette opération, dans un
atelier de teinture, varie selon son étendue ;
mais, dans les plus petits, il faut avoir au
moins quatre chaudières de forme ronde.

1°. La plus grande, pour l'ébullition et le
finissage, est de 28 pouces de profond sur
38 ou 39 de large à sa surface et de 18 plus
large dans son plus grand diamètre.

2°. La seconde pour teindre est de 28 pouces
de profond sur 32 ou 34 à sa surface.

3°. La troisième pour le bain d'alun est
comme la seconde.

4°. La quatrième pour l'ébullition des noix
de galle est de 20 pouces de profond sur 28 de
large.

Il faut aussi nombre de cuves ou de grands
vaisseaux de bois ; ils doivent être en sapin et
cerclés en bois ou en cuivre. Le fer ne doit
pas entrer dans leur construction, et il ne
faut pas même employer des clous de ce métal, mais des clous de cuivre, où il en est
besoin.

Par seau on entend toujours un vaisseau de
bois de la capacité de 16 pintes et cerclé en
cuivre.

Dans quelques opérations de ce procédé, on détermine la force de la liqueur ou des liqueurs de soude par le degré auquel le pèse-liqueur ou hydromètre s'enfonce. Cet instrument est semblable à l'hydromètre de verre employé en Angleterre par les marchands d'esprits; et ceux qui font ces instrumens ne trouveront nulle difficulté à en construire un avec une échelle semblable à celle employée par Papillon, s'ils sont instruits des circonstances suivantes :

1°. Plongé dans l'eau douce à la température de 60 degrés, l'instrument descend à zéro ou au commencement de l'échelle, qui est près du sommet de la tige.

2°. Plongé dans une dissolution saturée de sel commun à la même température de 60° F., il descend à 26° de l'échelle seulement, ce qui tombe à quelque distance du sommet de la boule. On prépare cette dissolution en faisant bouillir dans l'eau pure du sel marin raffiné ou du sel commun jusqu'à parfaite saturation et en filtrant, lorsque la liqueur est froide, au papier brouillard.

Il faut aussi observer que, quelles que soient les précautions que l'on puisse prendre pour sécher la laine filée, et la préparer avec succès, ce séchage doit se faire avec un soin particulier et plus parfaitement que le

temps le plus sec ne pourroit le faire en général ; il se fait en conséquence dans une
étuve.

Pour donner un rouge de garance ordinaire au coton et au lin, l'étoffe est engal-
lée, séchée et imprégnée ensuite d'acétate d'a-
lumine délayé dans de l'eau chaude ; on la
fait sécher une seconde fois, on la garance,
on la lave et on la met encore sécher.

L'écarlate et le cramoisi qu'on donne au
coton par la cochenille ne sont pas durables.

Pour teindre le coton et la toile en jaune.

On peut teindre en jaune le coton et la
toile dans un bain de gaude ; on les alune
préalablement pendant vingt-quatre heures
et on les fait sécher sans les laver. On emploie
une livre un quart de gaude pour chaque livre
d'étoffe qu'on plonge, lorsqu'on la retire du
bain, dans une dissolution de sulfate de cuivre
égale à un quart du poids de l'étoffe. Le docteur Bancroft propose la méthode suivante
pour teindre le coton en jaune comme meilleure et moins dispendieuse.

Préparez un mordant en dissolvant une
livre d'acétate de plomb et trois livres d'alun
dans une quantité convenable d'eau chaude.
Après avoir bien rincé le coton, on le plonge

dans cette liqueur chauffée à 100 degrés F., pendant deux heures, après quoi on le passe à l'eau, et on le presse modérément sur un vase pour ne pas perdre de la liqueur : on le fait ensuite sécher dans une étuve, et après l'avoir trempé de nouveau dans une dissolution alumineuse, on le tord une seconde fois et on le fait sécher ; on le mouille ensuite légèrement avec de l'eau de chaux et on le fait sécher ; si on veut une couleur riche et brillante, il faut tremper l'étoffe de nouveau dans le mordant alumineux, et après l'avoir fait sécher, la mouiller une seconde fois avec de l'eau de chaux ; après cela, on l'immerge encore, et on la rince bien dans l'eau claire, pour la débarrasser du mordant qu'elle retient sans être combiné avec son tissu, et qui nuiroit à l'application de la matière colorante. L'usage de l'eau de chaux fait combiner une plus grande proportion d'alumine avec l'étoffe aussi bien qu'une certaine portion de chaux. Dans la préparation du bain de teinture, on enferme dans un sac 12 à 18 livres d'écorce de quercitron pour 100 livres d'étoffe, en variant la proportion selon la nuance désirée. On met l'écorce dans l'eau lorsqu'elle est froide, et immédiatement après on y plonge l'étoffe, et on l'agite ou on la retourne pendant une heure ou une heure et demie, en chauffant l'eau par degrés et en l'élevant à la température de 120° F. Au bout de ce temps, on augmente la chaleur, et on porte la liqueur de teinture à la température de l'ébullition; mais alors il ne faut laisser l'étoffe dans le bain que quelques minutes; autrement, le jaune prendroit une teinte brunâtre. Lorsque l'étoffe a reçu une couleur convenable, on la retire du bain, on la rince et on la fait sécher.

Pour imiter la couleur du coton appelé nankin, il faut se servir d'une dissolution froide de sulfate de fer; après quoi, on le met dans une lessive de potasse, et on le laisse ensuite pendant cinq heures dans un bain d'alun; mais la couleur obtenue ainsi n'est ni belle ni durable, et la moindre goutte du plus foible astringent, tel que le thé, suffit pour la tacher.

Pour teindre le coton et la toile en noir.

On ne connoît pas de procédé pour donner au coton et à la toile un noir plein et durable; on teint ces substances en noir par le fer qui a une si foible affinité pour elles que la couleur ne résiste pas au savon. En premier lieu, on prépare une liqueur dite *liqueur de fer*, en mettant de la ferraille dans un vase contenant du vinaigre de vin ou de bière; on abandonne cette liqueur à elle-même six semaines ou deux mois avant de l'employer, afin qu'elle soit parfaitement saturée de fer. Souvent on ajoute à ce bain des astringens et particulièrement la décoction d'écorce d'aune qui a la propriété de dissoudre l'oxide de fer. Plus cette liqueur est exposée à l'air, mieux elle vaut ; la tonne qui contient cette dissolution s'appelle *la cuve au noir*. A Manchester, on traite l'étoffe par un bain de noix de galle, ou de sumac, on la teint ensuite dans la liqueur de fer, et après cela on la trempe dans une décoction de bois de campêche et un peu de vert-de-gris. On répète cette opération jusqu'à ce qu'on obtienne un noir foncé, en lavant l'étoffe et en la faisant sécher chaque fois. A Rouen, on teint généralement l'étoffe par le premier procédé.

Pour teindre le coton et la toile en brun.

On peut donner une couleur brune ou de racine au coton et à la toile avec le brou de noix comme à la laine et à la soie ; quelquefois on donne une bruniture avec la suie après le gaudage, et avec un bain de garance auquel on a ajouté des noix de galle et du fustet.

Des couleurs composées pour toute espèce d'étoffes.

Dans la teinture, on appelle couleurs simples celles qui sont généralement produites par une seule opération, telles sont le bleu, le rouge, le jaune, le noir et le brun (ou couleur fauve ou de racine) : elles sont appelées couleurs simples, quoique l'on puisse obtenir toutes les autres en combinant les trois premières. Nous avons déjà parlé de ces cinq couleurs et de leur application sur différentes espèces d'étoffe; il nous reste à consacrer quelques mots à leurs combinaisons les plus importantes.

Mélanges de bleu et de jaune.

C'est à cette classe qu'appartiennent les diverses nuances de vert. Pour teindre la laine en vert, on lui donne séparément les deux couleurs qui forment le vert : généralement on la teint d'abord en bleu, parce que la teinture jaune de l'étoffe altéreroit le bain bleu. Le vert devient noir selon que le bleu est plus intense. On prépare l'étoffe comme pour le gaudage, et on teint en jaune et ensuite en bleu dans les bains dont nous avons parlé. Quand on veut une nuance foncée, il faut augmenter la force du bain jaune.

Le sulfate d'indigo sert pour les verts de Saxe. Le docteur Bancroft recommande pour cette teinture d'employer pour 100 livres d'étoffe avec une petite proportion d'eau seulement 6 à 8 livres d'écorce de quercitron, qu'on renferme dans un sac et qu'on met dans le bain aussitôt qu'il commence à s'échauffer. Quand l'eau bout, on jette dedans 6 livres de murio-sulfate d'étain et quelques minutes après environ 4 livres d'alun ; lorsque le tout a bouilli cinq ou six minutes, on y ajoute de l'eau froide, et on diminue le feu, de manière que la main puisse supporter la chaleur de la liqueur. Immédiatement après on ajoute autant de sulfate d'indigo qu'il en faut pour produire la nuance verte désirée, en ayant soin de le bien mêler avec le bain. Après avoir nettoyé et mouillé l'étoffe, on la plonge rapidement dans la liqueur, et on la retourne vivement pendant un quart d'heure, afin qu'elle prenne également la couleur partout. De cette manière, on obtient en une demi-heure un vert très-riche, égal et beau ; mais pendant cet espace de temps, il vaut mieux tenir la liqueur à une chaleur un peu au-dessous de celle de l'ébullition.

La soie, le coton ou la toile destinés au vert sont nettoyés à la manière ordinaire, et plus on veut une nuance brillante, plus on porte loin le nettoyage ; on les alune ensuite fortement, et on les teint, comme la laine, d'abord en jaune avec la gaude ou le quercitron ; après quoi, on les lave et on les plonge dans la cuve bleue. On peut foncer et varier la nuance en ajoutant du bois de campêche, du fustet ou du rocou au bain jaune. Le vert de Saxe produit avec le sulfate d'indigo et le fustet n'est pas si durable que le vert dont nous venons de parler.

On donne au coton les différentes nuances d'olives et de vert d'aile de canard, lorsqu'il a reçu un pied de bleu par l'engallage, en le trempant dans un bain de gaude, et enfin dans un bain de sulfate de cuivre ; on avive la couleur avec le savon.

Dans la teinture à deux opérations, il est à propos de ne pas s'en rapporter entièrement aux proportions des ingrédiens employés, mais d'essayer la teinture sur de petits échantillons, avant d'y plonger le tout.

Mélanges de bleu et de rouge.

Les mélanges de bleu et de rouge comprennent toutes les nuances depuis le violet foncé jusqu'au lilas et à la colombe.

Pour les violets ou pourpres, on teint d'abord la laine en bleu ; on la fait bouillir avec de l'alun et deux cinquièmes de tartre ; après quoi, on la trempe dans un bain fait de près des deux tiers de la cochenille nécessaire pour l'écarlate, avec un peu de tartre. On suit le même procédé que pour teindre en écarlate, et le bain qui a servi à l'écarlate s'emploie en ajoutant de la cochenille et du tartre selon la nuance qu'on désire.

Pour les couleurs lilas et colombe et autres nuances plus légères, on trempe le tissu dans le bain bleu, qui a servi au violet et au pourpre, qui est un peu épuisé et auquel il faut ajouter de l'alun et du tartre. Pour les nuances rougeâtres, telles que les fleurs de pêcher, on ajoute une petite proportion de dissolution d'étain.

Le bois de campêche, employé avec les noix de galle, fournit un beau pourpre, mais les méthodes qu'on suit ordinairement pour le fixer ne sont pas satisfaisantes. Décroizille se servoit à cet effet d'un mordant fait avec une dissolution d'étain dans un mélange d'acide sulfurique, de sel commun et d'eau, auquel il ajoutoit du tartre rouge et du sulfate de cuivre. Il obtenoit de cette manière une teinture qu'on assure être durable. Pour teindre la laine en toison, il faudra un tiers de son poids de ce mordant, mais en étoffe un cinquième suffira. On prépare un bain aussi chaud que la main peut supporter

avec lequel on mêle bien le mordant, on
trempe l'étoffe dedans, et on agite; on le tient
à la même température pendant deux heures,
et on l'élève un peu vers la fin ; après quoi on
retire l'étoffe, on l'expose à l'air, et on la lave
avec soin. On prépare un bain d'eau pure à
la même température, auquel on ajoute une
quantité convenable de la décoction de bois
de campêche; on plonge ensuite l'étoffe dans
ce bain, et on agite ; on l'élève à la température de l'eau bouillante, et on l'entretient dans cet état pendant quinze minutes;
après quoi, on retire l'étoffe, on l'expose à
l'air, et on la rince avec soin. En employant la
décoction d'une livre de bois de campêche
pour 3 livres de laine, et une quantité proportionnée pour les étoffes qui en exigent
moins, on obtient un beau violet; et, avec
une quantité convenable de bois de Brésil, on
lui donne la nuance connue sous le nom de
prune de Monsieur.

Le mordant dont nous venons de parler
donne une plus grande permanence aux couleurs de bois de Brésil, de fustet et de bois
jaune, et il laisse la laine dans un état qui
convient particulièrement au filage. L'alcali
du savon employé *dans le foulage* altère des
teintures de bois de campêche et de Brésil;
mais on peut les rétablir et les aviver avec un

bain chaud légèrement aiguisé d'acide sulfurique.

Pour donner à la soie le plus beau violet ou pourpre, il faut passer l'étoffe dans un bain de cochenille et la tremper ensuite dans une cuve foible bleue, après l'avoir préalablement préparée comme pour le cramoisi, sans employer de tartre et de dissolution d'étain. On avive les nuances légères en les passant dans un bain d'orseille. Pour les nuances légères et rougeâtres, telles que celles de fleurs de pêcher, le bain de cochenille doit être proportionnellement plus foible. On donne le violet faux ou languissant à la soie avec l'orseille. On peut aussi appliquer à la soie le procédé de Décroizille pour teindre la laine en pourpre.

Le coton et la toile destinés au violet reçoivent d'abord un fond bleu, et on les fait sécher; on les engalle ensuite, et on les fait sécher de nouveau; après quoi, on les met dans une décoction de bois des campêche à laquelle on ajoute deux drachmes d'alun et un d'acétate de cuivre dissous pour chaque livre de laine filée; on les retire deux ou trois fois du bain, on les expose à l'air, et on les trempe de nouveau. La couleur est d'une permanence médiocre. En employant la garance au lieu du bois de campêche, on obtient le violet le plus durable.

Mélanges de rouge et de jaune.

Les mélanges de rouge et de jaune comprennent toutes les couleurs depuis l'écarlate jusqu'à celles de musc et de tabac. Nous avons parlé des écarlates avec les rouges. La laine teinte en rouge par la garance, et ensuite en jaune par la gaude, prend une couleur de cannelle, pour laquelle un mélange de tartre et d'alun est le meilleur mordant qu'on puisse employer. En se servant de couleurs de racines au lieu de gaude, telles que les racines de noyer, on obtient les nuances brou de noix ou sumac, tabac, marron, musc et autres.

On donne à la soie les couleurs marron et cannelle et toutes les nuances intermédiaires avec différentes proportions de bois de campêche, de Brésil et de fustet; on prépare le bain en mêlant les décoctions qu'on fait séparément; le fustet doit être la couleur prédominante.

Pour teindre le coton et la toile en cramoisi, on commence avec la gaude et le vert-de-gris, et on les plonge ensuite dans une dissolution de sulfate de fer. Lorsqu'ils sont secs, on les engalle avec trois onces de noix de galle pour chaque livre teinte ; on les fait sécher de nouveau, on les alune, et on les garance ; enfin on les avive avec une dissolution chaude de savon.

Couleurs olives et grises.

On produit les couleurs olives par le mélange du bleu, du rouge et du jaune ; on donne d'abord le bleu, ensuite le jaune, et enfin le rouge de garance. On donne à la laine et à la soie une espèce d'olive rougeâtre avec un bain de fustet auquel on ajoute plus ou moins de bois de campêche et de sulfate de fer. L'olive brune s'obtient avec le fustet et le bois de campêche après le gaudage.

D'Apligny dit qu'on peut communiquer une belle couleur olive au coton et à la toile avec quatre parties de gaude et une de potasse qu'on fait bouillir dans une quantité convenable d'eau, et du bois de Brésil qu'on met tremper une nuit et qu'on fait bouillir séparément avec un peu de vert-de-gris ; on mêle les deux décoctions dans les proportions qu'exige la nuance, et on plonge le coton et le fil dans le bain.

On produit les nuancés café, prunes de damas et autres semblables, en donnant à l'étoffe une couleur de fond brillante, en la trempant dans un bain de noix de galle, de sumac, d'écorce d'aune et de sulfate de fer jusqu'à ce qu'on obtienne l'effet désirée.

Pour les gris bleus, il faut combiner le sulfate d'indigo avec les noix de galle et la couperose. On obtient les gris bruns, les gris de fer, les couleurs de perles, etc, par les noix de galle et la couperose sur un fond de rouge ou de jaune selon la nuance désirée.

De l'eau employée dans la teinture.

L'eau employée dans la teinture n'est pas un objet de peu d'importance. Il est facile de voir qu'elle doit être libre de toute substance qui la rend trouble ou qui la colore, mais une eau peut paroître parfaitement pure à l'œil et contenir néanmoins des minéraux et des sels en dissolution qui la rendent tout-à-fait impropre à produire des couleurs délicates ou des nuances légères. On conduit généralement les opérations de teinture trop en grand pour pouvoir distiller l'eau ; la plus douce en conséquence que l'on puisse se procurer est regardée comme la meilleure pour cet usage, telle est généralement l'eau de rivière ; mais comme il est souvent impossible d'avoir d'autre eau que celle de fontaine qui est plus ou moins dure selon son degré d'impureté, il est d'usage de corriger les défauts de celle dont on n'est pas parfaitement sûr. Les eaux contenant des matières calcaires ne conviennent nullement pour les rouges, dans tous les cas où on veut obtenir une couleur brillante ; car la chaux qui se précipite sur l'étoffe ternit irrévocablement la nuance. D'une autre part, elles n'extraient pas autant de matière colorante que les autres, ce qui est encore un grand désavantage. Celles qui tiennent en dissolution de l'alumine et de la magnésie ne sont pas nuisibles.

De tous les sels métalliques, le sulfate de fer est celui qui est le plus répandu dans les eaux, et son action est très-sensible, surtout lorsque l'étoffe subit l'engallage, parce qu'il donne une teinte brunâtre qui modifie toutes les autres couleurs.

On a trouvé que quelques eaux stagnantes convenoient très-bien pour la teinture; ces eaux sont généralement douces, et les matières animales qu'elles contiennent peuvent produire en partie l'animalisation du coton et de la toile.

Le moyen le plus usité pour corriger l'eau défectueuse est de laisser aigrir du son dedans; on l'appelle pour cela *eau sûre* ; voici comment elle se prépare : On met 24 boisseaux de son dans un vaisseau de la capacité de

2400 pintes : on remplit une grande chaudière d'eau, on la chauffe, et quand elle est près de bouillir, on la verse dans le vase ci-dessus. La fermentation acide commence aussitôt après, et dans vingt-quatre heures environ l'eau est bonne à employer. L'eau qui tient en dissolution des sels terreux, ayant été traitée de cette manière, ne forme point de précipité en bouillant, et devient très-douce.

Pour laver les étoffes récemment teintes et les débarrasser de tout le mordant et de la matière colorante non combinée avec elles, l'eau courante convient mieux et donne moins de peine.

Du blanchîment.

Le blanchîment est l'art de blanchir les substances végétales et animales, particulièrement la laine, la soie, le coton, le lin et le chanvre, crus ou fabriqués. C'est en conséquence l'inverse de la teinture; mais il précède quelquefois celle-ci, lorsqu'on veut, par exemple, mieux disposer les tissus à prendre les couleurs, ou faire disparoître celles qui ont été appliquées à l'aide de la teinture.

Le blanchîment de la laine et de la soie n'est réellement que le décreusage, et nous en avons parlé comme un des procédés qui tiennent immédiatement à la teinture. La laine doit être traitée par une forte lessive alcaline; l'acide oxi-muriatique la feroit passer au jaune. Le savon seul, le savon et la terre à foulon la blanchissent parfaitement, et le savon est la principale substance détersive dont on fasse usage pour la soie. C'est au coton et au lin que s'appliquent plus particulièrement le procédé que nous allons décrire, attendu que ces subtances supportent parfaitement l'action des menstrues qui détruiroient la laine et la soie.

Le blanchîment exécuté d'après les anciens procédés est long, ennuyeux, et comprend la série d'opérations qui suit : 1°. trempage et passage au moulin; 2° lessivage et ébullition; 3°. immersion et séchage alternatifs; 4°. passage à l'acide; 5°. lavage au savon et à l'eau chaude; 6°. passage à l'empois et au bleu.

Dans la première de ces opérations, on plie le tissu qu'on veut blanchir, et on le met dans l'eau chaude où on le laisse jusqu'à ce que les bulles d'air qui, après dix-huit heures de trempage, commencent à s'élever, aient disparu; cela a lieu généralement, suivant la température de l'atmosphère, au bout de cinquante à soixante et dix heures. Si on l'y laisse plus long-temps, l'écume qui se forme à la surface de l'eau se précipite ; il faut cesser le trempage avant que cette circonstance se présente. Après cette opération on porte la pièce au moulin où, en la foulant continuellement avec une grande quantité d'eau, on la débarrassé de toutes ses impuretés.

Dans le lessivage et l'ébullition, on emploie des lessives alcalines pour détruire cette substance particulière qui brunit le tissu. La potasse est l'alcali le plus communément employé. On prend d'abord la lessive à la chaleur du sang ; on la retire ensuite, on l'applique à une plus haute température, et enfin à l'ébullition. Cette opération faite, on étend le tissu sur prés, on le mouille par intervalles pour le tenir continuellement humide ; si on le laissoit sécher, lorsqu'il est fortement imprégné de sels alcalins, il s'altéreroit. On attend une demi-journée environ, on laisse les taches se manifester avant de répéter l'immersion. Il acquiert par ces opérations un plus grand degré de blancheur qu'il n'avoit auparavant, surtout dans les endroits où l'évaporation a été plus abondante, comme sur le côté supérieur. Lorsqu'il a pris sur prés une couleur assez bonne et uniforme, on peut le passer dans le bain acide ; on le trempe dans du lait aigre, ou dans de l'eau aigrie avec du son ou de la farine de seigle, à la température du lait sortant du pis de la vache, ou, ce qui vaut encore mieux, dans de l'eau aiguisée d'acide sulfurique. Lorsqu'il est suffisamment acidifié, ce qui a lieu au bout de quelques heures, on le débarrasse de l'acide en le passant au moulin à foulon, puis à la main avec du savon noir et de l'eau chaude. On lave les toiles grossières avec moins de soin ; on leur donne du savon, on les travaille à la planche qui les débarrasse au moyen des rainures dont elle est garnie. On termine l'opération en en passant le tissu à l'empois et au bleu à la manière ordinaire.

Les différens trempages, bouillages et expositions à l'air que demande le procédé que nous venons de décrire consomment beaucoup de temps, et dépendent de l'état de l'atmosphère. Tant qu'on ignora en quoi consistoit la nature des changemens opérés dans la toile, on ne put guère espérer de le voir abréger. Mais les progrès de la chimie jetèrent enfin un rayon de lumière sur cet objet, la théorie du blanchîment fut mieux comprise et la pratique totalement changée. Scheele avoit découvert l'acide oxi-muriatique, et fait connoître la propriété qu'il a de détruire les couleurs végétales, Berthollet mit à profit cette circonstance, et l'appliqua au blanchîment.

Quand on expose un tissu coloré à l'action

de l'acide oxi-muriatique, sa couleur disparoît
entièrement en plus ou moins de temps, et l'a-
cide, s'il est totalement épuisé, est réduit
à l'état d'acide muriatique simple. Il résulte
de là que la matière colorante a perdu la propriété de manifester sa couleur en se combinant avec l'oxigène; et quand le tissu blanchi
a été exposé quelque temps à l'air, il devient
jaunâtre, parce qu'une partie de l'oxigène qui
s'étoit combiné avec la matière colorante se
dégage. Pour prévenir cet inconvénient, il faut
recourir à une autre opération; on a reconnu
que l'acide oxi-muriatique rend les matières
colorantes solubles dans les lessives alcalines;
on les emploie, et on obtient un blancdurable.
Le nouveau procédé de blanchîment est beaucoup plus expéditif, et l'acide oxi-muriatique
produit presque immédiatement un changement que l'exposition à l'air n'opéroit qu'en
plusieurs semaines. On lui a reproché d'altérer les tissus, et souvent avec justice, parce
que dans les commencemens de cette découverte l'inexpérience des fabricans les expo-
soit à des méprises, et que la plupart de ceux
qui l'avoient adopté dans des vues d'intérèt
commercial n'avoient pas les connoissances
qu'il exige. Mais quand il est conduit convenablement, il affoiblit moins le tissu et donne
un plus beau blanc que l'ancien procédé.

L'acide oxi-muriatique, dont les chimistes font usage, s'extrait en distillant de l'acide muriatique avec de l'oxide noir de manganèse. Berthollet a indiqué aux blanchisseurs un mode plus économique de l'obtenir; c'est de décomposer du muriate de soude avec l'oxide de manganèse et l'acide sulfurique étendu. Voici, d'après T. L. Rupp, les proportions les plus convenables :

Manganèse . . . . 3 parties.
Sel commun. 8
Acide sulfurique . . . 6
Eau. 12

La proportion du manganèse varie selon sa qualité. Il faut mêler intimement les diffé-rens ingrédiens, et distiller dans une cornue de plomb, de terre ou de verre. L'opération doit être conduite très-lentement, et il n'est pas nécessaire d'appliquer la chaleur jusqu'à ce que le premier dégagement de gaz ait cessé. On peut la terminer à l'aide d'un bain de sable, ou si la cornue est de plomb, on peut la mettre dans un bain-marie.

La cornue doit être lutée avec un récipient destiné à recueillir l'acide muriatique qui se dégage dans le principe. De ce récipient part un tube dont l'autre extrémité est adaptée à un tonneau dans lequel il plonge presque jusqu'au fond. Par ce moyen le gaz traverse une grande masse d'eau, circonstance nécessaire, parce qu'il ne se combine pas facilement avec ce fluide ; son absorption est en même temps facilitée par le mouvement d'un tuyau en bois circulaire, qui est placé au milieu du tonneau, et que l'on tourne avec une manivelle qu'il porte à sa partie supérieure. On peut se passer du vaisseau intermédiaire pour retenir l'acide muriatique, en employant une cornue à long col, qui condense cet acide ; on peut aussi le faire retourner en arrière, en inclinant convenablement le col de la cornue. Le produit, terme moyen, est évalué par Berthollet à cent pintes par chaque livre du muriate de soude employé.

On peut éprouver la force de la liqueur oxigénée, en en versant une quantité donnée sur une teinture de cochenille, ou dans une dissolution d'indigo dans l'acide sulfurique, d'une intensité connue ; on estime son énergie, d'après la décoloration qu'elle produit. (Voyez la note B.)

On prépare le tissu à recevoir le blanchîment en le tenant immergé quelques heures dans un bain d'eau chaude, et le faisant ensuite bouillir dans une lessive alcaline, préparée avec vingt parties d'eau et une de potasse rendue caustique par un tiers de chaux. Après cette préparation qui en ouvre les pores, s'empare de la partie soluble de la matière colorante, et prévient ainsi une perte inutile d'acide oxi-muriatique, on dispose la pièce dans la liqueur oxigénée de manière que chaque partie soit également exposée à son action. On la passe ensuite alternativement dans la liqueur oxigénée et la lessive alcaline, jusqu'à ce qu'elle soit suffisamment blanche ; il faut de quatre à huit immersions, selon l'espèce de tissu et les couleurs à détruire. Le coton est plus facile à blanchir que le lin ; enfin la liqueur qui n'a que peu d'effet sur le dernier, réussit parfaitement sur le premier. Il convient à cause de la volatilité de l'acide, d'opérer en vases clos ; T. L. Rupp en a inventé un très-simple, et qui réussit parfaitement ; il en a donné lui-même la description dans les *Mémoires de la société littéraire et philosophique de Manchester*, vol. 5, 1re partie ; c'est une cuve oblongue de sapin, capable de tenir l'eau, et dont les dimensions sont proportionnées à la quantité et au volume de tissus qu'on veut blanchir à la fois. On adapte à cette cuve un couvercle qui entre dedans, la ferme assez bien, et que l'on peut, lorsqu'on le juge nécessaire, garnir de poix. Opposés l'un à l'autre dans une ligne qui s'étend en longueur dans le milieu de la cuve, et à une distance égale à un quart de la longueur de ce vase, sont placés perpendiculairement deux axes droits de hêtre ou de frêne, dont l'une des extrémités tourne sur un pivot de bois au fond de la cuve, et l'autre dans un trou fixé dans le couvercle, au-dessus duquel ils se terminent par un bout carré pour recevoir une poignée ou une poulie. A chaque axe on coud solidement une pièce de fort canevas, dont on laisse flotter une extrémité de haut en bas. On attache à ces pièces de canevas, avec des brochettes de bois, les extrémités du tissu de calicot qu'on veut blanchir, et en tournant l'un ou l'autre axe avec la poignée ou manivelle, on roule la pièce sur l'un, d'où on peut la faire passer sur l'autre axe, en mettant à celui-ci la manivelle. On retire les axes de la cuve pour attacher l'étoffe par-dessus ; quand on les remet en place, on remplit la cuve de liqueur oxigénée, et comme, en tournant la manivelle, chaque partie du tissu se développe successivement, le tout se trouve également blanchi, avantage qu'on ne peut obtenir par une simple immersion. Lorsqu'on roule l'étoffe sur l'un des axes, le mouvement de l'autre peut se ralentir et marcher inégalement ; pour prévenir cet inconvénient, l'axe est muni à son extrémité d'une petite poulie à laquelle est attachée une corde portant un poids modéré qui produit un frottement suffisant pour lui donner un mouvement régulier. Quand la liqueur oxigénée est épuisée, on l'évacue par un robinet ou un fausset de niveau avec le fond de la cuve. Sur chaque axe placé près du même fond, est un cylindre de bois mince et uni, dont le diamètre est au moins égal à celui de l'étoffe, lorsqu'elle est entièrement roulée sur l'un ou l'autre ; il sert à lui présenter un point d'appui, et l'empêche de glisser.

L'expérience doit guider l'ouvrier dans la durée du temps qu'il convient de travailler le tissu, et lui faire connoître l'effet qu'une quantité donnée de liqueur oxigénée produit sur un certain nombre de pièces ; mais il lui est facile d'acquérir cette connoissance par l'usage de la liqueur qu'on emploie pour réactif.

On peut appliquer cet appareil au blanchiment de la laine filée ; par exemple, si le cylindre que nous avons dit placé au bas de chaque axe, pour empêcher l'étoffe de glisser, est situé juste au-dessous du couvercle, et percé de trous dans toutes les directions, et qu'on passe dans ces trous des cordes pour supporter les écheveaux, ceux qui sont suspendus près du fond de la cuve, peuvent être roulés comme si c'étoit un tissu qui fût sur les axes, et comme le mouvement donné à chaque écheveau est égal, il n'y aura point de confusion. Plusieurs axes disposés de cette manière peuvent être joints par des poulies, des liens, et tournés par une simple manivelle.

Pour remplir la cuve, on fixe un court tuyau dans le centre, ou toute autre partie convenable du couvercle. Un autre tuyau qui part de la tonne où on fait la liqueur oxigénée, traverse le premier au fond de la cuve; et, en adaptant des robinets, on opère le transvasage sans perte de gaz.

L'appareil inventé par Rupp, et que nous venons de décrire, avoit pour objet de remplir plusieurs conditions importantes auxquelles il satisfait. Il devoit être d'une construction simple et économique, et retenir complètement les vapeurs d'acide oxi-muriatique, non seulement pour les empêcher de se perdre, mais pour prévenir les effets nuisibles qu'elles produisent sur la santé des ouvriers. Il faut observer aussi que la potasse, lorsqu'elle est mêlée avec la liqueur oxigénée, empêche le dégagement des vapeurs, que cet alcali a été en conséquence employé comme ingrédient essentiel dans les modes de blanchîment qui ont été employés jusqu'ici; mais il étoit tout-à-fait perdu; et comme il s'élevoit au quart du poids du sel, il a ôutoit 40 pour 100 aux frais; et, au lieu d'augmenter la propriété de la liqueur pour blanchir, en neutralisant une partie de l'acide, il la diminuoit réellement; il y a par conséquent un grand avantage à employer la liqueur pure.

Mais l'expérience démontra qu'il restoit encore quelque chose à faire; l'acide oximuriatique seul altéroit jusqu'à un certain point les fibres de l'étoffe: il falloit en conséquence un ingrédient moins cher que la potasse, et qui affoiblît moins la force de la liqueur: la chaux, la baryte et la magnésie pouvoient également la remplacer; mais la chaux obtint la préférence comme étant à meilleur marché. La première difficulté qui se présenta dans l'emploi de cette terre fut occasionnée par le peu de solubilité qu'elle a dans l'eau; mais on trouva qu'on pouvoit y suppléer par la suspension mécanique dans l'eau et par l'agitation. En effet lorsque le gaz pénètre dans un vase clos où on fait cette opération, il se forme de l'oxi-muriate de chaux qui est soluble, et la partie claire de l'eau qui le tient en dissolution, décantée de dessus la chaux qui n'avoit été ni dissoute ni saturée, se trouva bonne à employer comme liqueur oxigénée. On fit ensuite une autre amélioration qui consiste à combiner l'acide oxi-muriatique avec la chaux à l'état sec, et à dissoudre une proportion convenable de ce composé pour faire une liqueur de blanchiment.

L'auteur de cette invention obtint un brevet; mais le droit exclusif lui en ayant été contesté, la cour du banc du Roi lui fit perdre son privilége. Elle fut en conséquence rendue publique, et le muriate de chaux, ainsi obtenu, a été pendant long-temps d'un usage général. Il se prépare en introduisant l'acide oxi-muriatique par des tuyaux de plomb dans un vase où on délaie de la chaux faite avec de la craie. Ce sel présente divers avantages; il se conserve et se transporte facilement au loin : le blanchisseur peut s'en procurer promptement, obtenir en tout temps et immédiatement, en en faisant dissoudre une quantité plus ou moins grande, une liqueur de la force qu'il désire. On détermine la force de la liqueur avec l'hydromètre, ou en essayant l'effet qu'elle produit sur du sulfate d'indigo de la même manière qu'on éprouve la dissolution de l'acide oxi-muriatique pur, et on peut employer le même appareil pour exposer le tissu à son action. On a objecté contre l'usage de l'oxi-muriate de chaux, qu'il altère le coton, qu'il le rend impropre à l'application de quelques couleurs, et on a recommandé l'oxi-muriate de magnésie comme préférable; mais le prix du dernier étant six fois celui du premier, on ne peut l'employer à moins qu'il ne présente de plus grands avantages que ceux qu'on lui a reconnus jusqu'ici.

Quand le tissu a été parfaitement blanchi, on le passe au savon mou, à l'eau chaude, et on le lave, après quoi on le trempe dans de l'eau chaude, aiguisée d'un seizième à un centième d'acide sulfurique. On lui donne par ce moyen un plus grand dégré de blancheur, on diminue l'odeur de l'acide oxi-muriatique qu'il retient, et on le prive d'une petite quantité de fer ou de terre calcaire dont il est chargé. Enfin, pour dernière opération, on expose le tissu pendant quelques jours sur le pré, et on le mouille fréquemment pour faire disparoître toutes les traces des acides qu'on a employés.

On peut décolorer la soie et la laine avec la liqueur oxigénée, et on leur ôte ensuite la teinte jaunâtre qu'elle leur communique en les exposant aux vapeurs du soufre; mais cette opération est trop chanceuse pour l'employer dans le commerce.

L'objet de la lessive alcaline dans le blanchîment, est d'emporter la matière colorante que l'action de l'acide oxi-muriatique a rendue soluble; de là la nécessité de faire alterner ces deux moyens; mais, comme la potasse dont on fait usage ordinairement ne laisse pas d'être dispendieuse, le docteur Higgins imagina de lui substituer le sulfure de chaux. Le soufre et la chaux sont deux articles peu chers; ils se combinent aisément et n'altèrent pas la toile. Le sulfure de chaux peut se préparer pour le blanchîment comme suit : soufre en poudre fine, 4 livres; chaux bien éteinte et tamisée, 20 livres; eau, 64 pintes; on mêle bien le tout, et on fait bouillir pendant une demi-heure dans un vase de fer, en agitant vivement de temps en temps. Quand l'ébullition est terminée et qu'on cesse d'agiter, la dissolution du sulfure de chaux s'éclaircit, et se sépare de la matière insoluble qui est en grande quantité. En cet état, elle a presque la couleur de la petite bière, mais elle n'est pas tout-à-fait aussi transparente. On verse ensuite 60 pintes d'eau fraîche sur le dépôt qui reste dans la chaudière, pour le dépouiller de tout le sulfure de chaux. On fait bouillir de nouveau, on agité bien le résidu, et quand l'eau est claire, on la décante, et on l'ajoute à la première liqueur ; on prend encore après 72 pintes d'eau, et on réduit la liqueur à l'état convenable pour l'usage. Quand la toile a été parfaitement nettoyée, on la trempe dans cette liqueur pendant douze à dix-huit heures, après quoi on la retire, et on la lave avec soin. Lorsqu'elle est sèche, on la trempe dans la dissolution d'oxi-muriate de chaux huit à douze heures, on la lave, et on la met sécher. On répète ces opérations jusqu'à ce que l'étoffe ait été six fois dans chaque liqueur, alors elle est ordinairement complètement blanchie. Il y a une grande économie à employer le sulfure de chaux.

On a employé l'acide oxi-muriatique en grand dans les papeteries. Il paroît, à la première vue, bien convenir à cette branche de commerce, parce qu'on peut supposer que si les chiffons ou la pulpe à laquelle ils sont réduits sont blanchis, la grande quantité d'eau qu'on emploie doit faire disparoître toutes les traces d'acide ; mais il en est autrement : de grandes quantités de papier préparé suivant toute apparence, d'après les meilleurs procédés de blanchîment, ont été gâtées et sont devenues incapables de servir ; et dans tout papier blanchi, l'odeur de l'acide oxi-

muriatique est plus ou moins sensible, lorsqu'on le déploie. Les fabricans blanchissent
avec plus ou moins de succès; mais dans le
cas où l'opération est si bien conduite qu'on
peut à peine soupçonner l'usage de l'acide, le
soin qu'il faut mettre à laver la pulpe occa-
sionne des frais qui égalent presque ceux
qu'on a lorsqu'on emploie des chiffons d'un
plus grand prix, mais qu'on ne blanchit pas.
Les défauts qu'on reproche communément au
papier blanchi, et qui sont fondés en effet,
jusqu'à un certain point, sont qu'il n'est pas
si bon pour écrire, parce que la colle a été
attaquée; que par la suite du temps il affoiblit
la couleur de l'encre, et que sa blancheur
même diminue; qu'il est sujet à se rompre
dans les plis, et qu'il s'use vite par le frottement à cause de son peu de cohérence: on
dit même qu'il détériore la couleur de l'encre
d'imprimerie, mais cela n'est pas constaté.
Si ceux qui ne connoissent pas très-bien le
sujet, veulent s'assurer si un papier a été
blanchi ou non, ils peuvent en présenter une
feuille au feu jusqu'à ce qu'elle soit partout
sèche, mais non brunie; alors, ils peuvent
pendant qu'elle est encore chaude, la chif-
fonner rapidement dans leurs mains. Si le
papier retient quelque portion d'acide, il
tombe en pièces; s'il ne se rompt dans au-

cun pli, c'est qu'il est bon à employer à tout usage.

On a appliqué l'acide oxi-muriatique au blanchîment des livres imprimés et des gravures ; mais, comme nous l'avons dit, s'il altère le papier, il est évident qu'on ne peut l'appliquer que sur ceux qui ont peu de valeur, ou qui n'en ont que lorsqu'ils sont restaurés par son usage. On peut redonner promptement un blanc brillant au papier de gravure, quoique taché par la fumée, l'encre, etc., à l'aide d'une simple immersion dans l'acide oxi-muriatique, où on le laisse plus ou moins tremper selon la force de la dissolution, ou selon qu'il est plus ou moins sale. Quand on veut blanchir un volume, on le décout, on le met en feuilles qu'on place à plat dans un baquet de plomb : on les sépare les unes des autres avec des tiges minces de verre ou de bois, ou on les suspend verticalement sur ces mêmes tiges de bois qu'on place très-près les unes des autres. Dans l'un et l'autre cas, il faut verser doucement l'acide par les côtés du vase pour ne pas déranger les feuilles, et lorsqu'il a complètement produit son effet sur le papier, on le soutire par le fond, et on le remplace par de l'eau pure qu'il faut changer jusqu'à ce que le papier ne conserve plus ni le

4*

goût ni l'odeur de l'acide. Chaptal dit que lorsqu'il a eu à réparer des estampes si délabrées, qu'elles ne présentoient que des lambeaux collés et rapportés sur un autre papier, il a craint de perdre ces fragmens dans la liqueur, parce que le papier se décolle; il a enfermé l'estampe dans un grand bocal cylindrique qu'il a renversé sur l'eau, dans laquelle il avoit mis un mélange convenable pour développer du gaz acide oxi-muriatique. Cette vapeur remplit l'intérieur du bocal et réagit sur l'estampe, dont elle dévora la crasse, détruisit les taches d'encre, et les fragmens restèrent collés sur le papier.

Quand on veut pour des opérations telles que le blanchîment des estampes, se procurer une petite quantité d'acide oxigéné sans avoir la peine de recourir à la distillation, il suffit d'ajouter de l'oxide noir de manganèse, ou de l'oxide rouge du plomb à l'acide muriatique ordinaire qu'on étend d'eau. Il faut que la bouteille dont on se sert pour opérer ce mélange soit forte, ou il ne faut pas beaucoup serrer son bouchon, autrement, la vapeur élastique qui se dégage produiroit une explosion. Au bout de deux ou trois heures, l'acide sera incolore, et on peut l'employer en l'étendant encore d'un peu d'eau. Il a un goût acide, parce qu'il n'est pas parfaitement saturé d'oxigène.

Pajot-des-Charmes recommande, pour blanchir le vieux papier imprimé qu'on veut fabriquer de nouveau, de le faire bouillir un instant dans une dissolution de soude caustique. On le trempe ensuite dans l'eau de savon et on le lave, après quoi on le réduit en pulpe. On peut employer du savon si on le juge convenable.

Pour le vieux papier écrit qu'on veut refabriquer, on le trempe dans de l'eau acidulée d'acide sulfurique, et après cela on le lave bien, avant de le porter au moulin. Si l'eau est chaude, le succès sera plus complet.

Pour blanchir le papier imprimé sans détruire son tissu, on le trempe par feuilles dans une dissolution de soude caustique, soit à chaud, soit à froid, puis dans une dissolution de savon. On dispose alternativement les feuilles entre des étoffes, comme font les papetiers pour les soumettre à l'action de la presse. Si une opération ne suffit pas pour les blanchir, on la répète autant qu'il est nécessaire.

Pour blanchir le vieux papier écrit sans détruire son tissu, on le trempe dans de l'eau acidulée d'acide sulfurique, soit à chaud, soit à froid, puis dans une dissolution d'acide oxi-muriatique, après quoi on le plonge dans l'eau pour lui enlever tout son acide. Ce papier est bon à employer, lorsqu'il a été soumis à la presse et séché.

BRASSAGE.

***

Le brassage est l'art de préparer une liqueur fermentée avec des graines farineuses, et surtout avec le malt, qui donne une liqueur connue sous le nom de bière, d'aile et de porter.

La liqueur de malt est composée d'eau et des parties solubles du malt et du houblon fermentées à l'aide de la levure; nous allons parler de sa préparation et des meilleurs moyens d'en assurer le succès.

De l'eau la plus propre au brassage. — L'eau pure est douce et légère, mais plus elle l'est, mieux elle convient au brassage; peu importe du reste qu'elle soit de pluie, de rivière, de fontaine ou d'étang. La première, lorsqu'elle a reposé quelque temps, qu'elle a déposé dans des réservoirs les corps étrangers dont elle étoit chargée, est en général parfaitement pure; vient ensuite l'eau de rivière; celle d'étang est fréquemment impropre, et celle de fontaine rarement assez dépouillée de substances minérales et salines , pour qu'on l'emploie , quand on peut s'en procurer d'autre ; les corps qu'elle tient en dissolution la mettent hors d'état d'extraire toutes les parties utiles que renferme le malt. L'eau qui mousse, qui est propre au lavage , est celle qui convient le mieux à la fabrication de la bière.

Du malt. — La fabrication du malt ou maltage consiste à développer la germination de l'orge , et à l'arrêter quand elle est parvenue à un certain point , résultat qu'on obtient à l'aide d'une chaleur lente et graduée, qui dissipe l'humidité , mais n'altère pas le grain. Le malt de première qualité se prépare avec le coke ; plus il est sec , plus la bière qu'il donne est saine et se conserve.

Quand on veut faire du malt , on procède comme suit :

On couvre l'orge d'eau , et on l'abandonne à elle-même jusqu'à ce qu'elle soit complètement saturée , ce qui arrive ordinairement en quarante ou soixante heures. Il ne faut pas prolonger l'immersion au-delà de ce terme, le grain s'appauvriroit et perdroit de sa valeur ; on doit au contraire le décanter, le porter immédiatement au germoir, où on le laisse environ vingt-quatre heures en couches de seize pouces environ d'épais. On l'étend ensuite, on le retourne deux ou trois fois le jour pour l'empêcher de s'échauffer, en l'étalant chaque fois plus mince, et en l'arrosant pour le tenir humide. Aussitôt que la radicule commence à paroître, on le porte au four, on le fait sécher lentement et par degré, comme nous avons dit ci-dessus ; on le dépouille des germes et on l'emploie : l'orge augmente dans cette opération de deux ou trois pour cent en volume, et perd un cinquième en poids ; mais le changement essentiel qu'elle reçoit, est le développement de la matière saccharine.

Pour s'assurer de la qualité du malt, on en presse un grain entre les dents, et s'il est doux et agréable au goût, *s'il se crève bien*, s'il est plein de farine d'une extrémité à l'autre, qu'il surnage l'eau, il est de bonne qualité. S'il n'est pas complètement fait, il est lourd et dur.

Le malt pâle, celui qui est séché le plus lentement, se vend à un prix plus élevé que le brun ; mais il produit une plus grande quantité de moût, et la liqueur en est plus tôt bonne à boire. Le malt très-desséché sert surtout à donner une couleur plus foncée à la liqueur ; mais on peut obtenir ce résultat avec le sucre brûlé. La table suivante, qui est due à Combrune, fournira les moyens de déterminer, d'après la couleur du malt, la température à laquelle il a été exposé dans le four, et dans quel temps la liqueur préparée avec ce malt sera bonne à boire.

DEGRÉS de FARENH.	COULEUR DU MALT.	Temps nécessaire pour que la liqueur soit bonne à boire.	REMARQUES.
119...	Blanc................	2 semaines.	Ceux-ci, lorsqu'ils sont convenable-
124...	Couleur de crême.......	1 mois.	ment brassés, deviennent brillans
129...	Jaune clair.............	3 ——	d'eux-mêmes.
134...	Couleur d'ambre.......	4 ——	
138...	Ambre très-prononcé....	5 ——	Par la précipitation, ceux-ci devien-
143...	Brun pâle..............	6 ——	nent brillans en peu de temps.
148...	Brun.................	10 ——	Avec la précipitation, ceux-ci exigent
152...	Brun foncé.............	15 ——	huit ou dix mois pour devenir bril- lans.
157...	Brun inclinant au noir..	20 ——	Avec la précipitation, on peut fixer
162...	Brun foncé, tacheté de noir.	2 ans.	ceux-ci, mais ils ne deviendront ja- mais brillans.

Avant d'employer le malt, il faut le moudre ou le broyer grossièrement; autrement, l'enveloppe le soustrairoit en partie à l'action de l'eau. Le meilleur moyen d'y parvenir, c'est de l'écraser dans un moulin entre deux cylindres de fer : lorsqu'il est moulu, il vaut mieux l'abandonner à lui-même pendant quelques semaines dans un lieu sec, que de l'employer immédiatement.

Du houblon. — Une liqueur préparée avec du malt seul tourneroit bientôt à la fermentation acide : c'est pour prévenir cette altération, ainsi que pour lui donner plus de parfum, qu'on fait infuser dedans quelque aromate amer ; mais de tous ces végétaux, celui qui réussit le mieux est le houblon, il est plus sain et plus agréable. Plus il est frais, mieux il vaut, attendu qu'il perd de son parfum, quelque soin qu'on en prenne. S'il a été mal séché, ou conservé dans un lieu humide, il ne peut plus servir ; il cède plus facilement son arome amer, lorsqu'on le fait bouillir dans le moût, que dans l'eau ; aussi doit-on, lorsqu'on veut charger le brassin d'une proportion convenable de houblon, s'assurer préalablement de la force de l'un et de l'autre. Les particuliers qui ne tiennent qu'à obtenir une liqueur saine et d'un arome agréable,

peuvent employer 200 à 250 litres de malt,
pour en faire 240 de la bière la plus forte. La
quantité de houblon doit être proportionnée
au goût du consommateur, et au temps qu'il
veut garder la liqueur ; deux à trois livres
suffiront pour 250 litres, quoiqu'il y ait des
personnes qui en emploient jusqu'à six livres.

Le houblon contient de l'acide gallique et
du tannin ; il dépouille le moût du mucilage
qui tend à l'acidifier.

Mills recommande de brasser soi-même la
petite bière ; dans ce cas deux boisseaux et
demi de malt et une livre et demie de houblon suffisent pour en faire 250 litres.

*Des vaisseaux employés dans une brasse-
rie.* — La plus grande propreté doit régner
dans toutes les parties de la brasserie, les
vaisseaux doivent être propres et sans odeur,
c'est-à-dire qu'ils doivent être lavés à plusieurs reprises avec de l'eau froide, puis avec
de l'eau chaude ; c'est un grand avantage de
faire servir les vaisseaux de bois tous les jours,
parce qu'ils ont moins de tendance à prendre
de mauvais goûts.

Tableau des ustensiles nécessaires dans une brasserie.

1. *Bac*, vaisseau qui sert de réservoir pour l'eau froide.

2. *Chaudière*, vase dans lequel on chauffe la liqueur.

3. *Bac de cuivre.*

4. *Cuve-matière*, vaisseau de bois dans lequel on prépare le moût.

5. *Bac à jeter*, vase dans lequel on reçoit le moût après la préparation.

6. *Bac de décharge*, qui reçoit le moût lorsqu'il a bouilli avec le houblon ; dans quelques brasseries il a un fond de fer fondu, percé de petits trous pour laisser passer le moût et retenir le houblon.

7. *Rafraîchissoirs*, cuves peu profondes pour refroidir le moût dont elles multiplient la surface.

8. *Cuve-guilloire*, celle où l'on jette la liqueur pour la faire fermenter.

9. Plusieurs tonneaux de différentes grandeurs.

———

Pour diminuer le nombre de vaisseaux nécessaires au brassage, et simplifier l'opéraration, l'ingénieux Américain, J. B. Bordley, décrit un procédé de son invention, que l'on peut employer avec avantage dans l'intérieur des familles. Il l'appelle *méthode tripartite de brassage*, parce que son appareil se divise en trois parties. Il est représenté fig. 1 (pl. du brassage, etc.). Le vase entier a quarante pouces de long, vingt de large, et vingt-quatre de profondeur; sur cet espace la division *a* occupe treize pouces; *b*, neuf; et *c*, deux en profondeur. Les lignes horizontales indiquent où sont placés les fonds mobiles et percés; *a* contient l'eau ou le moût; *b* le malt; et *c*, l'eau chaude qui est pompée ou portée de *a* en *c* par le moyen de la petite pompe *d*; elle s'élève ainsi à travers la drêche que l'on agite et qu'elle dépouille de toutes les parties farineuses et saccharines. On répète cette opération en agitant de temps en temps; quand la liqueur est claire, on la fait bouillir vivement, et on la verse dans les rafraîchissoirs par le moyen d'un robinet placé sur un côté de la cuve et près du fond. C'est, suivant Bordley, un mode de brassage pratiqué en Suède dans les camps, qui lui fournit l'idée de son procédé. Il fait remarquer que sa chaudière tripartite est de cuivre; il seroit bon peut-être que la pompe fût de bois, pour éviter le vert-de-gris.

De la préparation du moût. La cuve au moût doit avoir une profondeur proportionnée à son diamètre ; elle est munie d'un faux fond, à deux pouces au-dessus du véritable, percé de petits trous, et qui est mobile ou fixe. Il y a deux ouvertures latérales entre les deux fonds, auxquelles sont fixés des tuyaux, l'un pour introduire l'eau ; l'autre pour évacuer la liqueur. On étend le malt également sur le faux fond, et on fait arriver, par le moyen du tuyau latéral, l'eau de la chaudière qui est placée au-dessus. Le liquide traverse le malt et en extrait toutes les parties solubles ; cette opération consiste à vaguer la mouture et l'eau ensemble, au moyen de rables de fer, et à battre le mélange pendant un quart d'heure avec des perches de bois, ressemblant à des avirons, qu'on fait mouvoir à la main ou à la mécanique, selon qu'on opère plus ou moins en grand. Après cette opération on couvre bien la cuve pour qu'elle conserve sa chaleur, et on laisse reposer le tout une heure et demie environ, pour précipiter les parties insolubles de la liqueur ; cela fait, on écoule par le robinet le moût qui est clair, d'abord doucement, ensuite plus fort, et on le reçoit dans la chaudière inférieure, où il est porté à l'ébullition.

Il faut avoir soin de ne pas verser l'eau sur le malt lorsqu'elle est bouillante, parce qu'elle le convertiroit en pâte. Pour l'obtenir à une température convenable, Combrune recommande de mêler à vingt-deux mesures d'eau bouillante dix mesures égales d'eau froide, qui la réduiront ainsi à 161 degrés F., qu'il regarde comme la température la plus convenable pour travailler le moût ; mais il faut observer que plus le malt employé est noir, plus la température de l'eau doit être basse ; pour le pâle, on peut opérer à 180 degrés, mais pour le brun elle doit être de 10 à 20 degrés au-dessous.

La liqueur du premier brassage est de beaucoup la plus riche en parties saccharines ; mais il faut faire, pour épuiser le malt, un second et troisième brassin ; on peut, dans ces dernières opérations, employer en sûreté de l'eau qui est prête à bouillir, qui se trouve, par exemple, à 190 degrés F. ou au-dessus. Quand on ne veut faire qu'une seule espèce de liqueur, on met dans le même vaisseau le produit de chaque opération ; mais quand on veut faire à la fois de la bière et de l'aile, on le met à part.

La quantité de moût qu'on tire du malt dépend évidemment de la force qu'on veut donner à la liqueur. Pour la petite bière, on

peut tirer 110 ou 140 litres de chaque boisseau (35,23 litres) de malt ; pour la bonne
bière de table , il faut deux demi-boisseaux
de malt pour faire 167 litres , et quatre boisseaux pour la même quantité d'aile ; en déterminant la quantité à tirer , on ajoute en
sus 17 litres d'eau pour l'absorption que produit chaque boisseau de malt.

De la cuisson. — Quand le moût destiné à
la même liqueur a été transvasé de la cuve-
matière dans la chaudière inférieure , on
ajoute, lorsqu'il commence à s'échauffer, une
proportion convenable de houblon. Les particuliers qui ne tiennent pas à de petites différences , en emploient une livre par boisseau
de malt, pour la bière comme pour l'aile ;
mais , dans les brasseries publiques , on n'en
emploie pas tant , et la proportion est moindre pour l'aile que pour la bière.

Quand on fait l'aile et la bière avec le
même malt, on met quelquefois tout le houblon dans le moût d'aile , et on l'épuise ensuite avec le moût de bière.

Pour purifier le moût , on le fait bouillir
aussi vivement que possible, et vers la fin
de la cuisson on y ajoute le houblon ; si celui-
ci éprouve une ébullition trop prolongée, il
détruit le parfum de la bière , et perd lui-

même de sa qualité. En général cinq à six minutes suffisent, et on reconnoît que l'effet désiré est produit quand, en prenant un peu de liqueur dans la chaudière, elle présente des flocons analogues à du savon figé. Dans les petites brasseries, la chaudière de cuisson est découverte ; mais dans les grandes on lui adapte un couvercle capable de retenir la vapeur, et du centre duquel part un tuyau qui se termine en plusieurs branches dans la chaudière supérieure. En conséquence la vapeur que donne l'ébullition, au lieu de se dissiper en pure perte, se rend dans l'eau froide, qu'elle élève bientôt à la température nécessaire au brassage, et qu'elle charge en même temps de l'huile essentielle, ou de la partie odorante du houblon.

Du refroidissement du moût. — Quand la liqueur a suffisamment bouilli, on la transvase dans les rafraîchissoirs : on l'expose en plein air, on l'y laisse jusqu'à ce qu'elle ait déposé les graines de houblon, les flocons coagulés dont elle est chargée, et qu'elle soit assez froide pour être mise en fermentation. Elle est à ce terme lorsque le dégagement de la vapeur est baissé au point de réfléchir à sa surface l'image de la figure, comme feroit un miroir ; mais le moyen le plus sûr est de

5

se servir du thermomètre ; si elle est destinée
à être bue de suite, il n'est pas besoin de la
laisser refroidir au-dessous de 75 ou 80 degrés, F. Si on veut la garder long-temps, il faut
au moins qu'elle tombe à 65 ou 70 degrés;
c'est pourquoi on ne peut la faire que dans
les saisons tempérées.

Les rafraîchissoirs doivent être exposés à
un courant d'air, parce que si l'atmosphère
n'étoit pas constamment renouvelé, surtout
dans les temps chauds, elle prendroit une
odeur et un goût nauséabonds, sa surface se
couvriroit d'une pellicule blanche et moisie.
Les rafraîchissoirs sont généralement en bois
qui, conduisant la chaleur très-lentement,
s'opposent ainsi à une prompte réduction de
la température. Ceux qui sont en métal produisent l'effet plus promptement. Il a été ac-
cordé des brevets pour l'usage de ceux de fer;
mais le mode le plus sûr et le plus expéditif
de refroidir le moût, est de le faire passer
à travers un serpentin plongeant dans de l'eau
qu'on a soin de rafraîchir continuellement :
par ce moyen on conserve le parfum délicat
que le houblon dégage.

De la fermentation. — On sait les changemens que la fermentation produit dans le
moût : il suffit d'observer que, lorsqu'il est

convenablement refroidi , et porté dans la cuve à fermentation , il faut y ajouter une pinte de levure fraîche (de bière forte, si on peut s'en procurer), par 42 litres de liqueur. La fermentation commence d'abord sur les côtés, et en quatre ou cinq heures elle s'est propagée sur toute la surface ; lorsqu'elle a atteint son plus haut degré, ce que l'on reconnoît quand la couche de levure commence à diminuer au milieu, la liqueur est bonne à mettre en quarts ; elle est généralement à ce point au bout de dix-huit ou vingt heures, si on l'a mise chaude dans la cuve ; mais il en faut quarante-huit si on l'a mis fermenter à 60 ou 65 degrés F., pour que la fermentation puisse arriver à son dernier période ; on obtient une meilleure bière par cette fermentation lente que par toute autre. On dit en général qu'une exposition en plein air accélère la fermentation ; mais l'expérience prouve le contraire. Collier a fait fermenter du moût aussi bien dans un vase clos que dans un vase ouvert ; bien plus il a trouvé que dans le premier, le moût ne peut passer à la fermentation acéteuse, le concours de l'air étant nécessaire à la formation de l'acide ; et que la perte n'est pas d'un cinquième de ce qu'elle est à vase ouvert ; le produit donne en conséquence une plus grande quantité d'esprit à la distillation, quoiqu'il n'y ait aucune différence sensible dans la qualité. On entend par vase clos, dans cette expérience, un vase auquel est adapté un couvercle capable d'empêcher le contact de l'air, et muni d'un tuyau qui plonge dans l'eau, comme il est représenté fig. 2, de la planche du brassage.

Quand la chaleur de l'atmosphère dépasse 60 degrés, il faut faire fermenter le moût pendant la fraîcheur de la nuit, vers trois heures du matin, où elle est la plus grande. Si la température atmosphérique, est de plusieurs degrés au-dessous de 60°, F., il faut que celle à laquelle on expose le moût, dépasse ce terme; car, comme la tendance à la fermentation varie avec la chaleur, il est nécessaire de la modifier et de prendre la liqueur plus fraîche, suivant que le temps est plus ou moins chaud. Si l'air est à 30 degrés, il faut mettre fermenter la petite bière à 70°; la bière qu'on veut conserver à 56°, et l'ambre ou aile glutineuse à 54°. S'il est à 50, il faut les mettre toutes fermenter à 50. Dans le cours de la fermentation, la température du moût s'élève généralement de dix degrés, quoique la température de l'air reste toujours la même. Le printemps et l'automne sont les saisons les plus favorables au brassage, à cause de la température modérée qui domine généralement alors.

Lorsqu'on a mis la bière en quarts, on laisse la bonde ouverte, la fermentation continue ; et, pour faire évacuer toute la levure, on ouille toutes les vingt-quatre heures, une ou deux fois, pendant quelques jours. On ferme au bout d'une semaine, et lorsque la liqueur est claire, elle est bonne à employer.

De la clarification de la bière. — Quand le moût et la fermentation ont été bien conduits, la liqueur se clarifie dans le quart, devient bientôt parfaitement transparente ; mais lorsque la clarification n'est pas spontanée, on la produit par des moyens artificiels. Celui qui est le plus généralement employé consiste à prendre de la bière sûre qu'on brasse sans houblon, et dans laquelle on a fait dissoudre de la colle de poisson. On la répand sur la surface de la liqueur, on agite ; elle entraîne avec elle toutes les impuretés ; quelquefois cette opération ne réussit pas pour les bières brunes, alors on ajoute quatre onces environ d'acide sulfurique par 500 litres.

Quand la bière est visqueuse, on la corrige en mettant une poignée d'hysope dans le quart.

Lorsque le tonneau la trouble, on en tire 3 à 4 litres d'un quart de 126 de capacité, on les fait bouillir pendant une demi-heure, avec une once de houblon frais et une poignée de sel ; on les remet ensuite dans le quart, on agite quelques minutes, et au bout de douze heures environ, la liqueur est parfaitement rétablie.

Quand la bière a pris dans le quart le goût astringent du chêne, soit parce qu'elle a été gardée long-temps, soit par défaut de propreté, il est bon de suspendre dedans une poignée de blé renfermée dans un linge ; il lui ôte généralement son mauvais goût.

Du porter.

L'aile ne diffère en général de la bière que par sa force qui est plus grande, quoiqu'elle soit souvent brassée avec une plus petite proportion de houblon, et qu'elle n'ait pas fermenté si long-temps ; mais le porter diffère de l'une et de l'autre, en ce qu'il contient plusieurs ingrédiens qui modifient le parfum du malt et du houblon. Le porter est souvent falsifié avec des drogues délétères, et sous ce rapport il vaut mieux le brasser soi-même. Dans son traité intitulé : *Every man his own brewer* Child, a donné la recette pour le préparer en petite quantité suivante :

	f.	s.	d.
Un peck de malt.	o	2	6
Un quart de livre de jus de réglisse.	o	o	2
Jus d'Espagne.	o	o	2
Essentia bina.	o	o	2
Couleur.	o	o	2
Demi-livre de mélasse.	o	o	3
Un quart de livre de houblon. .	o	o	6
Casicum et gingembre.	o	o	1
Frais de charbon.	o	o	6
	o	4	6

En opérant, comme nous avons dit, pour le brassage, ces articles fourniront six gallons (le gallon vaut 4,64 litres) de bon porter qui, à 1 s. 6 d. le gallon, coûteroient 9 schillings, ce qui fait une économie de la moitié des frais, en le préparant soimême : de plus la liqueur est saine et agréable, qualités que n'a pas toujours celle des brasseries publiques. En augmentant les ingrédiens dans leurs proportions relatives, on peut brasser une quantité quelconque de porter.

Il peut être utile de rapporter la manière de préparer l'*essentia bina* et la matière colorante. Pour se procurer la première, on fait bouillir du sucre humecté dans un vase de fer, jusqu'à ce qu'il ait acquis une consistance syrupeuse, noire et fort amère.

On obtient la matière colorante en faisant bouillir une quantité semblable de sucre jusqu'à ce qu'il ait atteint un goût moyen entre le doux et l'amer; c'est ce qui donne au porter cette belle couleur jaune qu'on admire tant.

En préparant l'essence et la matière colorante, il est nécessaire d'employer une petite portion d'eau pure ou de chaux, autrement elles se durciroient, sécheroient même, si on les laissoit reposer jusqu'à ce qu'elles fussent froides. On les ajoute au moût, et on fait bouillir le tout ensemble.

DISTILLATION.

—

La distillation est l'art de séparer les parties volatiles et spiritueuses, des parties fixes et aqueuses des liqueurs fermentées.

Quand un fluide qui a subi la fermentation vineuse est exposé à l'action de la chaleur, il dégage des vapeurs qui se condensent et se liquéfient, par une réduction de température. Le fluide ainsi obtenu, possède des propriétés différentes de celles du *corps* dont il est extrait, et prend le nom d'esprit. C'est un composé d'eau et d'un fluide particulier appelé alcool qui, combiné avec plus ou moins d'eau, et chargé de l'arome des substances dont il est tiré, forme l'eau-de-vie, le rhum, le genièvre, et les diverses espèces d'esprits connus dans le commerce. L'art du distillateur consiste à choisir le mode le plus convenable de distiller la liqueur fermentée, de condenser la vapeur qui en résulte, sans qu'il entre dans le produit aucune substance qui

5*

puisse en détruire l'arome; ce but qui paroît d'abord si facile à atteindre, demande néanmoins beaucoup de soins et d'habileté.

La distillation des gaz et des produits volatils dans les cornues, l'alambic, l'appareil pneumato-chimique et celui de Woulf, ne diffère de celle qu'on emploie dans le commerce pour isoler les esprits, qu'en ce que l'une se fait moins en grand que l'autre. Dans le premier cas, on a tout l'appareil sous les yeux; il est facile d'appliquer la chaleur convenable, de prévoir les incidens et d'y remédier. Quand on veut condenser la vapeur en se servant, par exemple, du fourneau à lampe, il suffit d'une éponge mouillée qu'on place sur le bec de la cornue; mais en grand, il faut employer de longs serpentins et les tenir immergés dans une grande masse d'eau que l'on renouvelle sans cesse.

On extrait ordinairement l'esprit de l'orge, du blé, de l'avoine, du seigle, du sucre ou de la mélasse. Dans les pays où l'on cultive la vigne, on distille les vins, et on obtient une eau-de-vie bien supérieure : elle est plus suave, plus aromatique et plus douce. Quand on se sert de grain, on le malte comme l'orge pour la bière, et on conduit la fermentation de la même manière. Cette opération faite, le liquide est bon à mettre à l'alambic.

Un alambic se compose d'une chaudière qui contient le liquide, et d'un tuyau qui conduit et condense les vapeurs; il est très-long, roulé en spirale pour économiser l'espace, et prend, d'après cette circonstance, le nom de *serpentin*. La chaudière qu'on employoit autrefois étoit cylindrique; sa hauteur étoit en général moitié plus grande que son diamètre; mais en France, où on a toujours eu la priorité dans les perfectionnemens qu'a subis la distillation, on a adopté une forme bien supérieure, voy. *fig.* 3. La hauteur de la chaudière a été considérablement diminuée, sa largeur augmentée. Elle va en s'élargissant de bas en haut jusqu'à environ 3 ou 4 pouces du sommet; ses côtés sont courbés en voûte et vont en se rétrécissant; sa forme est enfin semblable à celle d'une théière; l'ouverture *c d* est de même diamètre que le fond *a b*. A la chaudière est adapté un chapiteau en forme de cône, qui a dans son intérieur, autour de son bord inférieur, un conduit destiné à recevoir le liquide condensé contre les parois, et à le porter dans le serpentin. Autrefois, le chapiteau communiquoit avec le serpentin par un tube incliné, de très-petit diamètre; mais ce tube est maintenant aussi large à sa base *f g* que le chapiteau, et son diamètre diminue à mesure qu'il approche du serpentin dans lequel il se rend. Il y a une autre différence importante entre l'ancienne et la nouvelle chaudière, dans la forme du fond; celui de la première étoit plat, celui de la seconde est concave, comme le montre le segment ponctué du cercle *a b*. Par ce moyen, elle reçoit à peu près une chaleur égale en tout sens, et comme le fond est convexe, la lie s'amasse autour des bords où elle n'est pas exposée à brûler et à donner par là un goût d'empyreume à l'esprit, parce qu'ils reposent sur la brique et ne reçoivent pas de chaleur directe. Le fond porte dans toute sa circonférence de 2 pouces sur la brique. On remplit la chaudière par l'ouverture *o*.

Autrefois, attendu la manière dont on construisoit les fourneaux, la chaleur ne donnoit que sur le fond de la chaudière, et on faisoit de plus une autre perte en plaçant, comme c'est encore généralement l'usage, le centre de la grille sous celui de la chaudière, sans réfléchir que le courant d'air qui pousse vers la cheminée, emporte toujours la chaleur dans une direction oblique vers l'extrémité du vase. A présent celle de la grille, près la cheminée, ne dépasse pas le milieu de la chaudière, de sorte que l'air échauffé fait tout le tour de l'appareil avant de s'échapper, et échauffe toute la masse du liquide à la fois ; de plus, on peut maintenir une chaleur très-régulière avec beaucoup moins de combustible. La maçonnerie monte aussi haut que le cercle $k\,k$.

Le serpentin est généralement en étain ; c'est le même que celui dont on fait ordinairement usage, à cela près qu'à l'origine l, où il est joint au bec du chapiteau de la chaudière, il est plus large que ceux d'autrefois, et va graduellement en diminuant vers son extrémité m. La raison de ceci est évidente, c'est que la vapeur, n'étant condensée qu'en partie, occupe plus d'espace que quand le tout est fluide. Le réfrigérant ou vase A B est toujours plein d'eau qu'on renouvelle et qu'on rafraîchit au moyen d'un tube n, qui descend presque jusqu'au fond du réfrigérant, et qui l'amène d'une plus grande élévation, tandis qu'un autre tube r emporte, avec une égale rapidité, l'eau chaude qui monte à la surface. De cette manière, la condensation est si complète, que l'esprit qui découle en m exhale peu ou point d'odeur. Comme il n'est pas toujours possible d'avoir de l'eau à une hauteur supérieure à celle où se trouve le réfrigérant, sans l'élever par des moyens mécaniques, je crois convenable de dire quelques mots du moyen proposé par Alexandre Johnston, qui me paroît digne d'attention. Il consiste à rafraîchir, avec un siphon, le serpentin sur lequel il amène une quantité d'eau quelconque, sans autre difficulté que de bien purger son instrument. *Fig. 4, pl. 1re*, A est le tuyau qui fournit l'eau froide, B celui d'eau chaude; le bout de celui-ci doit descendre deux pieds plus bas que le premier, afin de produire tout son effet.

Dès que l'opération est commencée, il faut fermer les robinets et remplir la cuve ainsi que les deux tuyaux; cela fait, on bouche le trou par lequel on a empli la cuve, et on ouvre les robinets; l'eau coule aussitôt et continue de le faire tant qu'on la tient à une hauteur convenable : son action est, sous tous les rapports, analogue à celle du siphon. Ce moyen dispense de recourir aux pompes, aux manèges et autres machines. Ce perfectionnement est simple et peut s'exécuter à peu de frais. Il produit, pour Dublin seul, une économie de plus de cent chevaux.

La quantité et la bonté des eaux-de-vie qu'on obtient en France, par suite des modifications qu'a subies l'ancien mode de distillation, prouvent, d'une manière décisive, l'avantage des nouveaux procédés. On la fait une application heureuse de l'appareil de Woulf à cet objet. Le vin est mis dans la chaudière et dans tous les récipiens placés entre elle et le serpentin ; le tuyau qui part du chápiteau plonge dans le vin du premier récipient, et lui communique assez de chaleur pour le volatiliser. La vapeur qui s'en dégage produit le même effet sur le vin du second récipient, et ainsi de suite ; on étend le procédé à autant de récipiens qu'on le juge convenable, on condense toute la vapeur à la manière ordinaire, en la faisant passer à travers un serpentin. Cet appareil ingénieux donne, pour une seule opération, de l'esprit à différens degrés, selon qu'on prend le produit du premier, du second, ou tout autre récipient ; la consommation de combustible est fort peu de chose. Les produits sont excellens et plus abondans que par tout autre procédé, et en mettant de l'eau dans la chaudière au lieu de vin, on les empêche de prendre un goût d'empyreume.

Un appareil plus expéditif et moins dispendieux est celui de M. Derosne. Ce distillateur se sert de la vapeur aqueuse pour appliquer la chaleur et gazifier l'alcool dont il tamise ensuite le calorique au profit du vin qui doit alimenter la chauffe ; il ne perd ainsi que ce qu'entraînent les vinasses. L'appareil se compose de deux chaudières placées l'une au-dessus de l'autre, et dont la plus haute se décharge dans celle qui l'est moins. Elle est surmontée d'un cylindre qui recèle dans son intérieur un mécanisme destiné à briser le filet de vin, et se termine par une espèce de chambre. Celle-ci est munie d'un tuyau qui va serpenter dans un vase où se trouve le liquide immédiatement destiné à la distillation, et court le long du tuyau qui l'apporte au réservoir; de cette manière, quand l'appareil est en activité, le vin et la vapeur suivent une marche inverse, en sorte que l'un s'échauffe et l'autre se refroidit à mesure qu'ils s'avancent. Supposons maintenant que nous avons signalé toutes les dispositions qui nous intéressent, que l'opération est commencée; le foyer est sous la chaudière inférieure, la flamme, l'air chaud entourent son fond, une partie de ses parois latérales, et passent sous la suivante à laquelle ils cèdent une nouvelle portion de la chaleur dont ils sont encore chargés. La vapeur aqueuse se dégage, enfile le cylindre, dont les diapharagmes la brisent, la retournent, la mettent en contact avec la nappe de vin bouillante qui tombe. L'alcool est saisi, gazifié à mesure qu'il descend, et concentré à mesure qu'il s'élève : c'est ici le cas de faire remarquer l'art avec lequel cet appareil est conçu. En effet les vapeurs les plus aqueuses y sont mises en contact avec le vin le plus dépouillé, et les vapeurs les plus alcooliques, quand on veut encore les enrichir, y sont mises en présence du liquide le plus riche en alcool. Tout concourt donc à dépouiller le vin de son esprit, sans jamais lui rendre un liquide plus riche que lui, et à déphlegmer les vapeurs sans jamais les mélanger avec un liquide moins riche qu'elles. Remarquons bien cet avantage, car il appartient au système seul de la distillation continue; je dirai plus, il n'appartient qu'à l'exécution de M. Derosne.

La vapeur alcoolique ainsi concentrée passe du rectificateur dans les serpentins, cède sa chaleur, se liquéfie, et arrive tout-à-fait froide dans le bassin. Ainsi le vin, qui suit un cours inverse, remonte en filet dont la température va décroissant, et arrive, à l'aide de cet artifice, presque bouillant dans la colonne, où la vapeur le saisit, le pénètre et le dépouille complètement. Privé de tout l'alcool qu'il contenoit, il tombe tout bouillant dans la chaudière, fournit une certaine quantité de vapeur, contribue ainsi à propager l'action qu'il a subie, et s'écoule, sans que la distillation ait coûté d'autre chaleur que celle qu'il emporte, et celle qu'ont dissipée les surfaces.

Dans la distillation des grains, il arrive quelquefois qu'il s'élève avec l'esprit une huile qui altère son arome; on y remédie ordinairement en ajoutant dans l'alambic un peu d'acide sulfurique au liquide.

On sait que l'esprit ou genièvre qu'on fait en Hollande est, sous le rapport de la salubrité, bien supérieur au nôtre; on a même été jusqu'à dire que nous ne pourrions jamais en préparer de comparable; mais la supériorité dont il s'agit ne paroît due qu'aux soins que les Hollandais donnent à la conduite de l'opération. Ils prennent du grain de première qualité, et ne l'emploient que lorsqu'il est parfaitement malté, parce qu'il produit alors un quart d'esprit de plus que si sa germination est poussée trop fort ou trop prolongée.

Le meilleur genièvre de Hollande se fait avec du blé, qui est le grain le plus convenable pour cet usage, et produit plus que l'orge; mais le seigle fournit un tiers de plus d'esprit que le blé, et est plus communément employé. La fermentation dure environ trois jours; la première distillation se fait très-lentement et demande beaucoup de soins; la seconde ou la rectification se fait avec des graines de genièvre. Il faut porter la plus grande propreté dans les opérations, et laver les vases avec de l'eau de chaux au lieu de savon, qui donneroit à la liqueur un goût d'urine. On fait usage de seigle qui a crû sur un sol calcaire, et jamais, à moins qu'on ne puisse faire autrement, de celui d'un fond de terre grasse. C'est le seigle de Prusse qu'on emploie. Un peu de malt lui donne un meilleur arome, mais n'augmente pas la quantité d'esprit.

La rectification consiste à distiller une seconde fois les esprits, pour les purifier et leur donner plus de force; cette opération ne présente aucune difficulté, si la première distillation a été bien conduite. On mêle l'esprit, avec une quantité égale d'eau et un peu de soude; on le distille deux fois à la manière ordinaire, et souvent on termine en le passant au bain-marie. Si la liqueur a été brûlée dans l'alambic, on la met, pendant quelques semaines, dans des tonneaux *charbonnés*, et on la mêle avec du charbon en poudre.

Quand on veut mettre digérer de l'esprit avec des substances qui contiennent des huiles essentielles agréables, telles que la cannelle, la graine d'anis, on emploie celui qui est pur, c'est-à-dire parfaitement exempt d'huile essentielle, et on distille le mélange; l'esprit dégage leur huile et s'en charge. C'est de cette manière qu'on prépare les diverses espèces d'eaux spiritueuses, et qui, au lieu du nom qu'on leur a donné mal à propos, devroient être caractérisées d'une manière qui indiquât les effets délétères qu'elles produi-

sent quand elles sont employées comme breu-
vage : la dénomination de *feu liquide* ne leur
a pas été mal appliquée.

Quant au mode de distillation usuel qu'on
suit dans les grandes distilleries, la description la plus intéressante qu'on en ait
donnée, est celle de Jacques Forbes de Dublin, qui avoit été intéressé pendant plusieurs
années dans une grande distillerie. Ce rapport a été imprimé par ordre de la Chambre
des Communes.

« On égruge les céréales, on les traite par
l'eau chaude et on recueille les lavages qu'elles
produisent. On laisse refroidir ceux-ci, on
les étend d'une certaine quantité de levure et
on les abandonne à eux-mêmes. La fermentation se développe, et dès qu'elle est complète on les passe à l'alambic. On obtient des
petits vins qu'on distille une seconde fois.
Mais en même temps on ajoute du savon pour
prévenir les dissolutions cuivreuses que donneroit l'appareil, et on verse dans l'esprit,
quand on le destine à la consommation inté-
rieure, plein une cuiller à café de vitriol et
d'huile par puncheon ([illegible]68 litres). Cette
addition lui donne du [illegible] quand on l'é-
tend d'eau. »

On employoit autrefois un quart de malt
qu'on allioit à un mélange de céréales moulues,

telles que l'avoine et l'orge ; on en emploie davantage aujourd'hui, parce qu'on a reconnu que le malt seul produit plus d'eau-de-vie qu'un mélange égal de malt et de grain, de même espèce, pris à l'état naturel. 160 livres de blé demandent 200 à 220 pintes d'eau et sont soumises à trois macérations égales, ou peu s'en faut. On réunit les produits des deux premières qu'on fait fermenter à part, et on conserve, on chauffe celui de la troisième qui sert à laver le grain de l'opération suivante. On évalue la force des petits vins au saccharomètre de Saunder, et on obtient en mélangeant les deux premiers une augmentation de densité qui s'élève de 20 à 22 livres par baril de 140 pintes au-dessus de l'esprit d'épreuve à une température d'environ 88°. F. Les derniers ou petits moûts en gagnent à peu près 6 à la même température. Le grain s'emploie en totalité dans la première opération et conserve à peu près le même volume.

On fait passer les petits vins de la *cuve-matière* dans le *bac à jeter* où on les jauge avec soin. L'opération commence à six heures du matin ; on transvase les premiers moûts de la *cuve-matière* dans les *bacs à jeter* où on les laisse une heure à une heure et demie avant de les faire passer dans le rafraîchissoir. A deux heures de là, les seconds moûts sont

introduits et stationnent le même temps avant
de couler dans le rafraîchissoir. Les petits sont
transvasés à la fin du jour; on les porte le soir
même ou le lendemain matin à la chaudière
pour les employer au brassage suivant. Il est
par conséquent fort rare qu'on les coule dans
le rafraîchissoir. L'évaporation est peu de
chose; la jauge donne à peu près la même
évaluation dans les trois vases que les liquides
occupent successivement.

On détermine la fermentation au moyen de
la levure de bière et on la conduit de manière
à la prolonger tout le temps qu'accordent les
lois, c'est-à-dire six jours. On rafraîchit les
bacs de deux manières, ou en faisant passer de
chaque bac une certaine quantité de lavage à
celui qui précède dans l'ordre de la fermentation, et qu'on remplace par du moût plus
frais, ou en rechargeant à fond. Un alambic de
2000 pintes se charge, se distille communément en vingt ou vingt-trois minutes. Forbes
a vu des appareils d'une capacité double, qui
ne consomment que vingt-huit à trente minutes
dans ces deux opérations. Quelques distilla-
teurs portent leurs liquides à un degré voisin
de l'ébullition, ce qui économise trois ou
quatre minutes. Un alambic de 4000 pintes,
chargé avec des petits-vins, prend quarante à
cinquante minutes par opération, et l'auteur

estime qu'il faut à peu près le même temps à un appareil de 2000. Les petites eaux des lavages bien fermentées sont ordinairement six à sept minutes à se distiller ; en sorte qu'en faisant la part des intermittences, on peut porter à six le nombre des charges d'esprit qu'on peut faire avec un alambic de 2000 pintes de capacité, chaque charge étant estimée à 600 pintes. Les petites eaux se mêlent aux lavages; on tire communément 80 pintes d'une charge de 2000 de petits vins.

On ne charge jamais l'alambic au-delà des 7/8 avec du lavage, ni au-delà des 4/5 avec la première passe : 12 pintes de lavage en donnent terme moyen 4 de première passe.

DISTILLATION

DES POMMES DE TERRE.

———

LES pommes qu'on soumet à la distillation sont à l'état naturel, ou dépouillées de leur parenchyme, c'est-à-dire en fécule. Examinons d'abord le premier cas. Il se compose de trois manipulations : la cuisson et la mise en pâte, la macération, et la fermentation.

Cuisson. — Elle s'opère à la vapeur et avec un appareil des plus simples. C'est un tonneau défoncé par le haut, percé à jour à sa partie inférieure et placé au-dessus d'une chaudière qu'il recouvre entièrement. Il est d'ailleurs contenu par un bâti et se manœuvre à l'aide d'une poulie ou de tout autre mécanisme. On le charge, on le lute à sa base, et on donne le feu. La vapeur se dégage à travers les pommes de terre ; elle les pénètre, les cuit; en moins d'une heure elles sont toutes déformées. On les retire alors soit par une porte latérale, soit au moyen du mécanisme qui déplace le vase et le fait trébucher. Il verse les pommes de terre dans une trémie qui les laisse échapper par parties et les projette dans un assemblage de cylindres de bois où elles sont écrasées et réduites en une espèce de pâte.

Macération. — Les pommes de terre ne contiennent pas de principe sucré, et ne peuvent par conséquent donner immédiatement de l'eau-de-vie. Mais la fécule qu'elles renferment se transforme en matière saccharine, dès qu'elle se trouve en contact avec du gluten et de l'eau à une température élevée. C'est sur ce fait que repose la fabrication qui nous occupe.

On prend une cuve plus large que profonde, du malt en quantité presque arbitraire et de l'eau à 45 ou 50°. Je suppose, pour fixer les idées, qu'on opère sur 400 kilogrammes de pommes de terre ; on pèse 25 kilogrammes de malt ; on le délaie, on le pétrit avec soin afin qu'aucun grumeau n'échappe, et on introduit du liquide, jusqu'à ce que la masse entière marque 28 à 30°. On la couvre alors, et on l'abandonne à elle-même pendant une demi-heure. Ce temps révolu, on ajoute les pommes écrasées, puis de l'eau bouillante, et en même temps on remue, on agite, et on continue ainsi jusqu'à ce que le thermomètre

6

accuse 50°. On couvre de nouveau et on laisse reposer deux heures, après quoi on découvre, on agite, on refroidit le plus vite qu'il est possible. Lorsque la masse est ramenée à 25 ou 26°, on la passe dans la cuve à fermentation où on l'étend d'eau froide jusqu'à ce qu'elle ne marque plus que 12 à 14°.

Fermentation. — Il ne s'agit plus alors que de mettre en levain. Si on est à portée d'une brasserie, qu'on soit à même de se procurer de la levure fraîche, c'est le meilleur ferment dont on puisse faire usage. On en délaie environ un litre, et on l'ajoute à la cuve. Si on n'est pas dans les circonstances dont nous parlons, on y supplée par quelqu'une de ces compositions qu'on emploie dans les ateliers. En voici une dont Mathieu Dombale s'est bien trouvé.

« On prend de la farine de seigle qui doit être moulue fin et non pas seulement égrugée, mais il n'est pas nécessaire d'en séparer le son. On en fait une pâte épaisse avec de l'eau froide, ensuite on la délaie avec de l'eau bouillante dans laquelle on a fait dissoudre de la mélasse dans la proportion d'environ le quart de la farine. On y verse l'eau bouillante peu à peu et en agitant continuellement jusqu'à ce que le tout forme une bouillie à peu près de la consistance de la levure de bière et à la température de 20 à 25°. On y délaie alors un peu de levure de bière ou de levain ordinaire à boulanger : on couvre le baquet, et on le tient à une douce température. Au bout d'environ une heure, la fermentation doit déjà s'y être manifestée ; autrement, il seroit nécessaire d'y ajouter du levain ; lorsque la fermentation marche bien, ce levain se gonfle beaucoup et il doit être employé lorsqu'il est au plus haut point de sa fermentation, mais avant qu'il soit aigre : c'est ordinairement douze heures après qu'il a été fait qu'il est bon à être employé. »

Quel que soit du reste le ferment dont on fait usage, on le délaie avec soin dans une certaine quantité de moût et on le verse dans la cuve ; la température à laquelle on l'applique varie suivant les saisons, la capacité des vases, etc., mais ne dépasse jamais 20°. Si on prend trop chaud, la fermentation marche trop vite, et court risque de passer à l'aigre ; si on prend trop froid, elle se développe lentement et reste foible. On doit par conséquent chercher à saisir le point convenable, et l'expérience seule peut l'indiquer. Si on a rencontré juste, qu'on ait bien mis en levain, la fermentation est sensible au bout de deux heures, vive après douze, et se maintient jusqu'au troisième jour où elle tombe tout-à-fait. Ainsi une cuve qu'on met en train, frémit dès le jour même, bouillonne le lendemain, se couvre d'écume et exhale une forte odeur. Elle n'a plus d'aigreur, elle est douceâtre, et éteint la chandelle qu'on approche de sa surface. Le jour suivant, elle a moins d'écume, elle est vineuse, le principe sucré a disparu. Enfin le quatrième, elle est tout-à-fait dégagée, presque claire et légèrement acide. Le chapeau s'est précipité, il n'y a plus à la surface qu'une pellicule blanchâtre, le vin est fait, il ne s'agit que de le distiller.

Siemen, dont la méthode paroît se propager dans le Nord, procède d'une manière différente. Il cuit les pommes de terre à la vapeur, mais à un degré plus élevé que celui de l'eau bouillante, et les traite lorsqu'elles sont réduites en pulpe par de l'eau chaude, chargée d'un peu de potasse caustique, qui convertit en empois la partie que le procédé ordinaire ne peut réduire. Il refroidit rapidement la pulpe, qu'il allie aux céréales dans la proportion de 384 kilogrammes de drèche pour 15,29 hectolitres de pommes de terre: il soumet la masse à la fermentation, et en tire, d'une part : 1°. une grande quantité de ferment; 2°. un tiers d'eau-de-vie en sus de ce qu'on obtient communément.

Pommes de terre dépouillées de leur paren-
chyme : on les réduit à cet état à l'aide de
râpes, qui sont d'autant meilleures, qu'elles
sont plus expéditives et déchirent mieux. Elles
exigent ordinairement trois personnes pour
les manœuvrer : deux hommes qui impri-
ment le mouvement et un enfant qui jette les
pommes de terre dans la trémie. Elles sont
saisies dans les bavures, réduites en pulpe,
et tombent dans une caisse d'où on les tire
pour les passer au tamis.

On le charge, on lui imprime dans une
cuve pleine d'eau un mouvement de va-et-
vient qui opère la séparation du parenchyme
et de la fécule que sa densité précipite au
fond du vase. On laisse reposer, on décante,
on recueille la fécule, et on fait égoutter.
Cette opération s'exécute au moyen d'une
caisse en bois ouverte d'un côté et évasée à
son ouverture. Elle est criblée de trous,
garnie d'une toile forte et d'un tissu serré
à laquelle on place la matière. Celle-ci se
tasse, se comprime et ne présente bientôt
plus qu'une masse solide. 100 de pommes de
terre donnent 27 à 30 de fécule qu'il s'agit
de saccharifier : on peut y parvenir de deux
manières, au moyen de l'orge malté ou à
l'aide de l'acide sulfurique.

Avec l'orge malté, on opère dans une cuve à double fond ; on la garnit de courte paille, on étale la pulpe, on traite par l'eau bouillante et on agite avec des râbles ; tout se trouve bientôt converti en empois. On ajoute alors 25 kilogrammes d'orge malté, car je suppose qu'on agit sur la pulpe de 100 kilogrammes de pommes de terre. On agite encore et on laisse reposer. Au bout de trois à quatre heures on tourne le robinet dont est armée la partie comprise entre les deux fonds, où recueille tout le liquide qui s'est filtré par le premier fond, et on le passe dans la cuve à fermentation dont la capacité est déterminée par la masse sur laquelle on opère. On fait arriver de nouvelle eau bouillante, on agite, on soutire, et ainsi de suite jusqu'à ce que la matière soit complètement épuisée. On réunit les lavages, et quand ils sont à la température convenable, on les met en levain.

Avec l'acide sulfurique, on délaie la fécule et on la conduit à l'aide de tuyaux dans cuve à macération où arrivent simultanément un jet de vapeur et un filet d'acide qui la saisissent à la fois et la convertissent en sirop.

Cette opération s'exécute différemment dans quelques distilleries : voici la description qu'en donne Dubrunfaut.

« La cuve a une capacité égale à 20 hectoli-

tres : elle peut facilement comporter ainsi le travail de 3oo kilogrammes de fécule. Supposons
que l'on veuille commencer une opération : on
amène dans la cuve 6oo litres d'eau : le feu
étant mis sous la chaudièree , on chauffe cette
eau à la vapeur jusqu'à 8o° environ. Pendant
ce temps, on délaie séparément dans une cuve
disposée à cet effet les 3oo kilogrammes de
fécule avec 6oo kilogrammes d'eau et 6 kilogrammes d'acide sulfurique du commerce
à 66°. Alors on verse de cette fécule délayée
dans la cuve à saccharifier, par la trappe
qu'elle porte à sa partie supérieure ; on la
verse par petites portions et graduellement
en faisant mouvoir l'agitateur. La bouillie de
fécule trouve ainsi dans la cuve, de l'eau à
une température suffisante pour la convertir
en empois , et l'acide sulfurique qu'elle porte
avec elle ne tarde pas à la liquéfier. Il est
essentiel, pour la conduite de l'opération , et
pour ne pas rencontrer de difficultés , de ne
pas verser la fécule en une seule fois. On
peut par exemple ici la verser à trois reprises
différentes et en trois parties égales ; on verse
la première partie , comme je l'ai dit, lorsque
l'eau de la cuve a acquis une température
de 8o° à peu près , en ayant soin de battre le
mélange ; on continue le chauffage à la vapeur;
l'empois se liquéfie par le contact de l'acide

sulfurique, et la température qui s'étoit abaissée par le seul fait de l'addition de la bouillie, ne tarde pas à remonter vers 80°. A cette époque on ajoute la seconde portion de fécule délayée; on agite, et il y a de nouveau, abaissement de température, épaississement dans la masse, par la formation de l'empois, puis enfin liquéfaction en même temps qu'élévation de température. Quand la température est revenue à 75° à peu près, on verse la dernière portion de fécule, on agite, et tous les mêmes phénomènes se reproduisent; on continue toujours à chauffer, jusqu'à ce que toute la masse ait pris la température de 80°.

» A cette époque on ferme la trappe avec soin; on la lute même, si elle ne ferme pas assez bien, et l'on abandonne la cuve à elle-même pendant six heures environ. C'est pendant ce repos que la saccharifiation de la fécule doit s'opérer, et elle a besoin d'être favorisée, non seulement par la présence de l'acide sulfurique, mais encore par le concours d'une température maintenue à 80°. C'est pour cela qu'à la naissance de cette branche d'industrie, au lieu de conserver la chaleur dans la cuve pendant six heures, comme nous venons de le recommander, on continuoit d'introduire de la vapeur pendant six heures pour maintenir le mélange à l'ébullition. Il a été bien reconnu depuis que cette ébullition est inutile, et qu'il suffit d'en conserver la température pour obtenir un bon résultat : on peut concevoir facilement en quoi consiste l'avantage de ce mode d'opérer, qui économise tout le charbon nécessaire pour maintenir une chaudière à l'ébullition pendant six heures de plus que l'opération ne l'exige.

» On a pu remarquer que j'ai recommandé d'employer 6 kilogrammes d'acide sulfurique pour 300 kilogrammes de fécule; cela fait donc en acide 2 pour 100 du poids de la fécule à saccharifier. On pourroit augmenter cette proportion d'acide, ainsi que l'a reconnu Saussure, sans préjudice au succès de l'opération. Ce chimiste a observé en effet que la saccharification est d'autant plus prompte et complète, que la dose de l'acide est plus grande. La proportion de 2 pour 100 est cependant convenable : elle suffit pourvu qu'on n'abrège pas le terme de six heures que j'ai fixé pour le repos.

» Il existe un seul moyen de reconnoître que la saccharification est complète, et qu'aucune partie de la fécule n'a échappé à cette transformation, c'est d'essayer la liqueur par *l'iode*. L'iode est un corps qui a la propriété de colorer en bleu et en violet les fécules, soit qu'elles soient en suspension dans l'eau à l'état

6.

solide, ou en dissolution à l'état d'empois. On peut, à l'aide de ce réactif, reconnoître les diverses périodes de saccharification de la fécule, dans l'opération que je viens de décrire. En effet, prenez de la liqueur au moment où il est temps de la laisser en repos, prenez-en, dis-je, une petite quantité dans un verre, versez-y de la teinture d'iode, le mélange se colorera fortement en bleu : la liqueur traitée quelques heures après de la même manière, se colorera beaucoup moins; et après six heures de repos prolongé à la température de 80°, elle ne changera plus de couleur. Ce type annonce que la saccharification est complète dans le liquide, et il est temps de procéder à d'autres opérations.

« On ouvre alors la trappe, et l'on s'occupe de la neutralisation de l'acide sulfurique. Cet acide en effet n'est nullement décomposé dans le travail, et se retrouve dans la liqueur tel qu'on l'y a mis. Il faut pour le neutraliser lui présenter un corps qui fasse avec lui un composé insoluble : c'est ce que l'on obtient avec la chaux, ou mieux encore avec le carbonate de chaux, que l'on peut se procurer partout.

« Si l'on employoit la chaux, il faudroit prendre des précautions pour en mettre une quantité précise, parce qu'une dose trop petite ou trop grande seroit également préjudiciable à la fermentation. On évite cette difficulté de préciser l'agent neutralisant en se servant du carbonate de chaux (pierre à chaux), et l'on peut, sans inconvénient, employer cette matière en excès. Pour neutraliser les 6 kilogrammes d'acide que nous avons employés ici, il faut à peu près 10 kilogrammes de carbonate de chaux ou craie réduite en poudre fine : on la délaie dans cet état dans deux ou trois fois son poids d'eau, et l'on verse ce mélange graduellement dans la cuve en faisant mouvoir en même temps l'agitateur. Au moment même où ce carbonate se trouve en contact avec l'acide sulfurique, il s'excite une effervescence très-grande, provoquée par le dégagement du gaz carbonique du carbonate qui vient crever à la surface, et il faut ajouter de la craie jusqu'à ce que son addition au liquide n'y produise plus d'effervescence : on doit arriver à ce point de saturation avec 10 kilogrammes de craie pour 6 kilogrammes d'acide ; s'il n'y en avoit pas assez avec cette dose, il faudroit en ajouter. On pourroit se servir de papier teint avec le sirop de violette ou de tournesol, pour reconnoître le moment où le liquide est saturé, c'est-à-dire le moment où l'on doit cesser d'ajouter de la craie. La couleur de la violette et celle du tournesol sont changées en rouge par la présence des acides ; on sent donc qu'en plongeant dans la cuve du papier teint avec ces végétaux, on reconnoîtra le moment où l'acide aura disparu complétement, et par là même on reconnoîtra le moment où l'addition de la craie sera suffisante. On ne se sert guère de ce moyen dans les ateliers, parce que les manipulateurs ne craignant pas de neutraliser l'acide avec une dose de carbonate trop grande, l'emploient toujours en excès : ils jugent facilement à l'œil le terme de saturation, par la propriété que possède le carbonate de chaux de faire effervescence en neutralisant l'acide sulfurique. On laisse reposer ; le sulfate de chaux se précipite ; on délaie la liqueur de manière qu'elle ne marque pas au-delà de 5 à 6° à l'aréomètre ; on met la levure, et les autres opérations comme à l'ordinaire. 50 kilogrammes de fécule saccharifiée par l'acide sulfurique, donnent communément 20 à 25 litres d'eau-de-vie à 19°. »

DISTILLATION DU BOIS.

—

On peut adopter divers appareils, des cylindres fixes, des fours à sole métallique, des fosses à soupiraux, etc. Nous nous bornerons à décrire le suivant, c'est le plus expéditif et le plus simple.

Les fourneaux sont des cylindres creux dans lesquels tout est confondu, cendrier, foyer, laboratoire. Ils sont revêtus intérieurement de briques, ont un diamètre déterminé; supposons quatre pieds trois pouces, et une hauteur de huit pieds quatre pouces, par exemple. Ils sont munis d'une porte qui sert à introduire le bois destiné à allumer le feu. Entre ces cylindres est une grue mobile sur son axe, et armée d'une manivelle. Celle-ci porte un pignon qui s'engrène dans une roue dentée, fixée à un tambour sur lequel s'enroule la corde qui passe sur le bras de la grue, et qui est destinée à manœuvrer les cornues que doivent recevoir les cylindres.

Les cornues sont en tôle, et fortement soutenues par un bâti en fer, afin d'empêcher qu'elles ne se déforment lorsqu'elles sont portées à l'incandescence. On leur donne un diamètre que détermine celui des cylindres, et six pieds quatre à cinq pouces de haut, afin de pouvoir les charger de deux hauteurs de bois à charbon, dont la longueur est d'environ trois pieds. La chaudière chargée, on la garnit sur les bords d'une couche de terre glaise, on place le couvercle au-dessus, et on le serre au moyen de boulons à clavettes, de manière à intercepter toute communication avec l'atmosphère, si ce n'est par une ouverture latérale placée presque au-dessous du rebord.

Les choses ainsi disposées, on saisit la cornue avec un croisillon, on l'enlève au moyen de la grue, et on la dépose perpendiculairement sur un trépied en fer, placé un peu au-dessus de la sole dans l'intérieur du cylindre, on couronne celui-ci d'un couvercle de forte tôle, pour réverbérer la flamme, et on la charge d'une couche de trois à quatre pouces de glaise. On dégage le tuyau latéral dont nous venons de parler, et on l'ajuste au moyen d'un manchon mobile, à des tuyaux de cuivre qui doivent conduire les produits de la distillation dans des condensateurs plongés dans des cuves pleines d'eau ; les vapeurs se liquéfient et s'écoulent par un tuyau qui les conduit dans un réservoir disposé d'une manière convenable, tandis que les gaz qui échappent à la condensation sont reportés par un autre tuyau sous la chaudière où ils se consument et tiennent lieu de combustible.

Tout est maintenant disposé ; la cornue est en place, le cylindre muni de son couvercle et de sa cheminée ; nous pouvons appliquer le feu. Il y a cependant une précaution à avoir, c'est de n'employer le gaz sous la cornue qu'au bout d'un certain temps, sans cela l'air que contient l'appareil, et avec lequel il est mêlé, se combineroit avec lui, et produiroit des explosions dangereuses. Il ne faut en conséquence placer le manchon que lorsqu'on reconnoît à l'odeur que c'est bien du gaz qui se dégage, ce qui a communément lieu au bout d'un quart d'heure en travail réglé. Cette circonstance exige quelques modifications dans le tuyau qui ramène le gaz au foyer. Il faut l'armer de trois robinets : l'un pour laisser échapper l'air atmosphérique dans l'atelier, lorsqu'on adapte trop promptement le manchon ; le second pour dégager le gaz dans le fourneau ; mais comme il devient bientôt très-abondant, et excède ce qu'exige la distillation du bois contenu dans la cornue, on en place une seconde dans son cylindre, et on la met en train. On ferme à moitié le second robinet, on ouvre le troisième ; l'excédant du gaz se verse sous l'appareil, et dispense d'y brûler du bois

Au bout de quatre heures et demie ou cinq heures, la première chaudière est carbonisée, elle ne donne presque plus de gaz, il est temps de l'ôter et de la remplacer par une autre ; et la même opération se renouvelle alternativement de manière qu'il y ait toujours une chaudière en pleine incandescence, et fournissant son gaz surabondant à l'autre.

On carbonise par jour dans les deux fourneaux environ dix chaudières ; elles contiennent chacune environ deux mètres cubes de bois, et rendent trois voies à trois voies et demie de charbon, mesure de Paris, composée de deux hectolitres.

On retire de plus dix tonneaux d'acide pyro-ligneux, mêlé de goudron qui se dépose au fond des réservoirs. On utilise ce goudron dans la fabrique comme combustible ; on le mêle à de la cendre, on le réduit en consistance de mortier, et on le met sur les grilles destinées à l'évaporation ; ainsi employé, c'est un très-bon combustible qui remplace plus de la moitié de celui qu'on emploieroit sans cela.

Epuration.

La carbonisation est une opération fort simple, et qui peut être conduite par les ouvriers les moins intelligens. Il n'en est pas ainsi de l'épuration de l'acide pyro-ligneux. Cette opération demande des soins et des attentions, soutenus de la surveillance d'un chef expérimenté.

Je vais commencer par la description des ustensiles nécessaires pour purifier dix tonneaux par jour.

Cuve pour faire l'acétate de chaux. Elle doit contenir au moins dix-huit tonneaux, attendu que lors de l'addition du sous-carbonate de chaux, il y a une fermentation violente, accompagnée d'écume qui élève beaucoup la masse. Elle doit être placée quelques pieds au-dessus de terre, afin qu'on puisse facilement faire écouler par son robinet le liquide dans la chaudière suivante.

Chaudière pour finir la saturation à chaud par la chaux. Elle doit être en cuivre de la contenance d'environ quinze tonneaux. Sa forme peut être celle des chaudières ordinaires, sphérique ou conique, et aussi pro-

fonde que large ; elle est placée sur un fourneau en maçonnerie qui l'enveloppe. La cheminée doit circuler autour : il seroit utile
que cette chaudière ne fût pas éloignée de la
suivante, et qu'elle fût un peu plus élevée ; on
placeroit alors sur celle-ci un conduit de bois
qui feroit écouler la liqueur dans la chaudière
à évaporer.

Chaudière à évaporer. Elle doit avoir au
moins dix pieds de long sur six de large,
et un pied de profondeur, elle est en tôle.
Comme toute la liqueur ne peut pas tenir
dedans, on ajoute le reste peu à peu, à mesure que l'évaporation fait place ; le foyer
est placé à une des extrémités, et la cheminée serpente au-dessous seulement, pour
l'échauffer dans toutes ses parties, avant de
se rendre à la cheminée perpendiculaire qui
peut servir pour l'autre chaudière plate qui
évapore l'acétate de soude blanc.

Cristallisoirs. Quinze cristallisoirs doivent
être placés par terre, et assez près de cette chaudière pour qu'on puisse faire écouler dedans,
au moyen d'un conduit en bois, la liqueur éva-
porée que l'on met cristalliser. On peut se servir, pour cristallisoirs, de baquets de bois.
Mais comme ces vases sont bientôt pourris, il
est mieux de prendre des chaudières de fonte

mince ; quatre ou cinq de ces cristallisoirs doivent être assez grands pour contenir tout l'acétate de soude brut ; quand il est évaporé. Les autres sont nécessaires, attendu que la cristallisation ne se faisant pas dans les vingt-quatre heures, il faut avoir la place pour mettre les évaporations suivantes. Chaque cristallisoir est percé à sa partie inférieure et antérieure d'un trou bouché avec une cheville de bois, qu'on ôte quand la cristallisation est opérée, pour laisser écouler les eaux-mères dans un conduit de bois qui règne devant tous, et qui les écoule dans un réservoir qu'on a placé dans terre au-dessous de sa pente, et à l'une des extrémités de la rangée de cristallisoirs.

Chaudières à faire la frite. Elles doivent être au nombre de six, placées chacune sur un fourneau séparé, mais près l'une de l'autre, en laissant seulement entre elles la place pour passer et remuer la matière qu'elles contiennent ; elles doivent être dans un endroit aéré, et, s'il se peut, recouvertes d'une hotte commune qui descend à trois pieds de terre, et terminée en haut par une large cheminée ; ces chaudières sont en fonte mince, de deux pieds de diamètre, et dix-huit pouces de profondeur ; elles sont placées sur un fourneau à

grille dont la maçonnerie les enveloppe jusqu'à quelques pouces du bord ; elles ne doivent recevoir la chaleur que par le fond. A
chaque opération on les retire des fourneaux
au moyen d'une anse qui s'abaisse comme
celle d'un seau ; le foyer et le cendrier doivent
avoir chacun une porte qu'on puisse fermer
à volonté, pour ralentir le feu.

Deux *cuves à fondre la frite.* Ce sont des
baquets ordinaires.

Plusieurs filtres de toile recouverts de papier gris, ou de chausses de laine, pour filtrer la frite.

Une *chaudière à évaporer l'acétate de soude
blanc :* elle est en tôle, de huit pieds de long,
quatre pieds de large et un pied de profondeur, placée sur un fourneau comme la grande
chaudière plate déjà décrite ; elle peut, par
économie, être placée auprès de l'autre, afin
d'avoir la cheminée commune.

*Plusieurs cristallisoirs pour l'acétate de
soude blanc :* Ce sont des terrines de grès.

Cuves pour décomposer l'acétate de soude :
ce sont des cuviers en bois blanc, cerclés
de fer, et fermés haut et bas. Au fond supé-

rieur on a ménagé une ouverture de sept à huit pouces, formée avec un couvercle, pour retirer le sel fermé. Sa partie inférieure est percée d'un trou fermé avec une cheville de bois, pour faire écouler l'acide acétique provenant de la décomposition du sel.

Un *Alambic de cuivre, et son serpentin aussi en cuivre, pour distiller l'acide acétique pour les arts*. Il doit avoir l'ouverture large, afin de pouvoir facilement en retirer le sulfate de soude qui se forme en pain après la distil-lation.

Une *galère de plusieurs cornues de verre, placées sur un bain de sable, leur alonge et ballon, pour distiller l'acide acétique destiné pour la table.* —

Tels sont les principaux ustensiles néces-saires pour l'épuration de l'acide pyro-ligneux.

Passons maintenant au détail de cette opé-ration, en prenant pour base du travail mille litres, ou mille kilogrammes.

On prend mille litres d'acide pyro-ligneux brut, marquant 5° à l'aréomètre : on les met dans un cuvier, et on y jette à plusieurs reprises quarante kilogrammes de sous-carbonate de chaux en poudre ; on remue et on laisse reposer jusqu'au lendemain. On décante cet acétate de chaux, on le fait passer dans la chaudière de cuivre, on le porte à l'ébullition, et on y ajoute par parties vingt kilogrammes de chaux vive en poudre, pour achever la saturation. On remue, et on reconnoît qu'elle est exacte, lorsque la liqueur ne rougit plus le papier réactif de tournesol.

Alors on ajoute deux cent vingt kilogrammes de sulfate de soude cristallisé. Il y a décomposition, il se fait de l'acétate de soude, et l'acide sulfurique s'empare de la chaux qui se précipite à l'état de sulfate de chaux insoluble. On continue l'ébullition pendant quelque temps pour faciliter la combinaison ; on laisse déposer, on décante, et on fait passer la liqueur surnageante dans la chaudière à évaporer. Le sulfate de chaux retiré de la chaudière, est joint à celui qui est resté dans la cuve. Il est lavé à plusieurs reprises avec de l'eau chaude, jusqu'à ce que les lavages ne marquent plus rien à l'aréomètre : on se sert des eaux foibles pour d'autres opérations ; et quand elles marquent 12 à 14°, on les joint aux acétates pour les évaporer.

L'acétate de chaux, mis dans la grande chaudière plate, y est porté à l'ébullition pour le concentrer ; de temps en temps on l'écume. Quand la liqueur est rapprochée jusqu'à marquer 22°, il se précipite au fond de la chaudière du sulfate de soude, qu'on recueille avec une écumoire ; il faut vérifier alors si la saturation est exacte ; et, dans le cas où elle ne le seroit pas, y ajouter du sous-carbonate de soude jusqu'à ce que la liqueur ne rougisse plus la teinture de tournesol : on continue à évaporer jusqu'à 27 ou 28° froids de l'aréomètre. On la met ensuite dans les cristallisoirs : au bout de quelques jours on ouvre la cheville de bois pour laisser égoutter les eaux-mères qu'on évapore de nouveau plusieurs fois pour en retirer les sels qu'elles contiennent ; mais il arrive un point où elles sont tellement visqueuses, qu'elles ne peuvent plus cristalliser ; on les évapore à siccité, on y met le feu pour brûler le goudron, on les lave, et on retire par la cristallisation du carbonate de soude.

Quand les cristaux d'acétate de soude noir sont bien égouttés, on procède à la frite : on prend quinze à vingt kilogrammes de ce sel noir, on le porte dans une des chaudières de fonte, destinée à friter ; on allume le feu, les cristaux se fondent dans leurs eaux de cristallisation ; on remue et on continue le feu. La masse se dessèche peu à peu, devient pulvérulente et noire. Il faut avoir grand soin de remuer toujours avec une spatule de fer, et empêcher que la matière ne s'attache à la chaudière. Bientôt on s'aperçoit que la matière commence à se fondre, et devient plus lisse ; on continue, la liquéfaction s'opère, on agite, on multiplie les surfaces. Les dernières molécules de goudron se décomposent et cessent de souiller l'acétate de soude. C'est la partie la plus délicate de l'opération ; car si on ne pousse pas assez le feu pour obtenir la fusion ignée, on conserve de l'huile empyreumatique qui n'a pas été brûlée ; et si le feu est trop fort, l'acide acétique se décompose, et on ne recueille que du carbonate de soude : on fera bien d'essayer cette manipulation sur de petites masses, pour se mettre au fait, la théorie ne pouvant qu'imparfaitement l'indiquer. Aussitôt que la fusion ignée est faite, on retire la chaudière du feu, on continue de remuer jusqu'à ce que la matière soit refroidie ; alors on la dissout dans environ quatre fois son poids d'eau froide. Quand la dissolution est parfaite, on la porte sur un filtre pour en obtenir la liqueur claire comme de l'eau ; le résidu est lavé plusieurs fois , et ce lavage est joint à la liqueur.

Cette liqueur filtrée est une solution d'acétate de soude blanc , qui n'a besoin que d'être rapproché pour fournir ce sel : on la porte dans la petite chaudière plate , dite chaudière à acétate blanc ; on l'évapore jusqu'à 28° froid de l'aréomètre des sels de Baumé , et on met cristalliser dans des terrines de grès : la cristallisation faite , on sépare les eaux-mères qui sont rapprochées de nouveau ; et quand elles ne fournissent plus rien , on les ajoute à la frite pour les traiter comme de l'acétate brut.

On porte les cristaux d'acétate de soude blanc dans un cuvier de bois blanc ; on ferme le couvercle , et on verse dessus cinquante-cinq kilogrammes d'acide sulfurique à 66°. Il faut avoir soin de n'introduire l'acide sulfurique que par portion , et par un petit trou pratiqué au couvercle , dans lequel on met un entonnoir de verre , parce qu'il y a une forte réaction , et que l'acide acétique , s'évaporeroit en se dégageant. Il y a encore ici décomposition : l'acide sulfurique qui a plus d'affinité avec la soude que l'acide acétique , s'en empare pour former du sulfate de soude , et l'acide acétique reste libre. On laisse reposer jusqu'au lendemain, le sulfate de soude cristallise, on ouvre la cheville inférieure, l'acide acétique s'écoule; et quand le sel est bien égoutté, on le retire du cuvier, et on le fait servir pour une nouvelle opération; mais on ne retire qu'environ 50 pour 100 du sulfate de soude, primitivement employé, le reste est décomposé ou perdu dans les résidus.

L'acide acétique, obtenu de la décomposition de l'acétate de soude, n'est pas assez pur pour être employé même dans les arts. Il retient un peu d'acide sulfurique qui a échappé à la décomposition, et du sulfate de soude qui ne s'est pas cristallisé; c'est pourquoi il faut le distiller.

Si on destine l'acide acétique pour les arts, il suffit de le distiller dans un alambic de cuivre, auquel on adapte un serpentin aussi de cuivre, et qui plonge dans l'eau. On pousse vivement la distillation, mais pas tout-à-fait à siccité, afin de ne pas brûler l'appareil. Le résidu est porté dans une chaudière plate de fonte, qu'on recouvre d'un chapiteau d'alambic, et où on le distille à siccité. Le sel forme un pain qu'on retire après la distillation, il est devenu anhydre et peu soluble, il faut le mettre en poudre pour s'en servir. L'acide de cette dernière distillation est fortement empyreumatique , et ne peut servir qu'à faire des acétates de plomb ou de cuivre ; celui de la première distillation est un peu coloré en bleu par l'oxide de cuivre. Après chaque distillation , l'alambic et le serpentin doivent être lavés avec soin.

Cet acide suffit au besoin des arts : mais s'il est destiné pour la table, sa préparation demande plus de soins , et on doit éviter d'employer des vaisseaux qui puissent en être attaqués. On met l'acide acétique provenant de la décomposition de sulfate de soude par l'acide sulfurique, dans de grandes cucurbites de verre, recouvertes de leurs chapiteaux auxquels on adapte des allonges. Ces cucurbites sont placées au nombre de dix ou douze en forme de galères, sur un bain de sable, qu'on échauffe doucement de manière à n'avoir qu'une légère ébullition. Au bout de quelques heures la liqueur s'est concentrée, il s'est formé du sulfate de soude qui, soulevé par l'ébullition, retombe au fond du vase, et peut le briser. Pour prévenir cet accident, on interrompt le feu : quand l'appareil est refroidi, on enlève le sulfate formé, et on recommence à distiller jusqu'à ce que presque tout soit passé ; au fond du vase reste l'acide sulfurique qui se trouvoit en excès.

Cet acide est très-blanc , très-pur : il marque 7 à 8° à l'aréomètre. Il peut servir pour la table, et remplacer le vinaigre de vin.

On retire des mille litres d'acide pyro-ligneux employés :

80 kil. d'acide acétique blanc et pur, à 7 ou 8°.

35 à 40 kil. d'acide pareil, mais plus foible, à 2 ou 3°.

L'opération dure de quinze à vingt jours.

DISTILLATION DE LA HOUILLE (1).

Des cornues et du meilleur mode de les placer.

Les cornues employées pour la distillation de la houille varient de formes suivant les établissemens : les unes sont circulaires, les autres demi-circulaires, elliptiques ou carrées ; il y en a même une qui porte le nom de cornue à rotation. Je vais les examiner succinctement les unes après les autres ; j'entrerai dans quelques détails au sujet des cornues circulaires et elliptiques que je crois les plus avantageuses.

Les cornues circulaires sont des cylindres d'environ six pieds de long et douze pouces de diamètre intérieur. On les place sur une

---

(1) Extrait de l'ouvrage de Peckston.

voûte plate, ou sur un diaphragme de maçonnerie qui couvre le foyer; on en met deux dans le même four; on consomme environ vingt parties de combustible pour en carboniser cent. Le foyer est placé à l'opposé de l'embouchure des cornues. Celles-ci sont en fonte de fer de seconde fusion, pèsent environ mille livres, et durent huit à dix mois.

L'attention des manufacturier de gaz s'est d'abord portée sur les moyens d'économiser le combustible employé à chauffer les cornues. On a fait plusieurs essais à cet égard; on a tenté d'opérer sur trois vases à l'aide d'un seul foyer; mais le coup de feu étoit trop inégal. Une cornue étoit au rouge blanc, que l'autre arrivoit à peine au rouge obscur, la consommation du combustible étoit considérable, la houille mal carbonisée, et par conséquent le produit en gaz diminué. On essaya d'en porter quatre à l'incandescence, au moyen d'un foyer unique; on fut encore moins heureux. Les cornues qui étoient le plus exposées à l'action de la chaleur, étoient promptement détruites, il falloit les remplacer souvent et pendant ce temps éteindre le feu, ce qui privoit du service des autres. On sentit alors que la difficulté gisoit dans la distribution de la chaleur, et on divisa les foyers. On plaça dans

le four cinq cornues, trois en première ligne
avec des foyers correspondans, et deux au-
dessus dans les intervalles. On trouva que ce
moyen présentoit des avantages, mais ne
remplissoit pas encore entièrement le but,
parce que les cornues inférieures que rien ne
garantissoit de l'action directe du feu, étoient
en peu de temps hors de service. Pour parer
à cet inconvénient, on les garnit d'une voûte
qui ne permettoit pas à la flamme d'agir immédiatement sur elles, qui la distribuoit
sur tous les points ; on obtint ainsi des résultats assez satisfaisans sous tous les rapports.

Restoit à perfectionner le mode de distillation. Dans les cornues cylindriques d'un pied
de diamètre, la carbonisation commençant
par les portions de charbon qui touchoient
les parois de la cornue, il se formoit une
couche de coke qui abritoit les parties placées au centre, et en gênoit la décomposition. On vit qu'il falloit opérer sur des couches minces ; mais le travail en grand présentoit des limites qu'on ne pouvoit dépasser
sans s'exposer à une plus grande consommation de combustible, et sans donner aux appareils des dimensions désavantageuses dans
la pratique. M. Clegg inventa alors sa cornue à rotation ; c'étoit un grand châssis en fer
et circulaire qui tournoit horizontalement sur

son axe. Il pouvoit recevoir quinze caisses de tôle peu épaisses, qui entroient dans les rayons du cercle; cinq de ces caisses étoient successivement exposées à la plus forte chaleur du foyer, éprouvoient, avant d'arriver à ce point, une température suffisante pour en dégager les parties aqueuses; le gaz obtenu étoit plus pur et en plus grande quantité. Cet appareil, qui étoit coûteux et qui ne donnoit relativement qu'une petite quantité de gaz, ne fut pas accueilli par les établissemens qui avoient besoin d'opérer sur des masses considérables de houille, pour se procurer le gaz dont ils avoient journellement besoin. M. Malam vint ensuite; il partit des mêmes principes, et proposa ses cornues elliptiques, qui ont six pieds six pouces de long, vingt pouces à leur plus grand diamètre, et dix au plus petit. Elles tirent presque autant de gaz d'une quantité donnée de houille que la cornue à rotation, et la dépense de construction est à peu de chose près celle que coûte à établir un nombre égal de cornues cylindriques; elles ont cependant sur elles divers avantages; elles sont moitié moins de temps à opérer la carbonisation, produisent plus de gaz, et durent plus long-temps.

Les cornues demi-circulaires devroient,

par leurs formes, convenir aux besoins du manufacturier, parce qu'elles présentent des circonstances favorables à la production du gaz et à la bonne carbonisation de la houille; mais elles se déforment au feu, subissent une dilatation inégale, et se détruisent rapidement.

Les cornues carrées ou parallélipipèdes ont vingt pouces de large, treize de haut, et six pieds de long intérieurement. On ménage, en les fondant, sur le côté qui doit former le fond, une arête saillante de trois pouces, qui ne prend naissance qu'à 18 pouces de l'embouchure. Elle sert à renforcer le fond, et empêche qu'il ne se déforme; mais elle est assez inutile, si on considère la manière dont ces vases sont disposés dans le four. On place six cornues les unes à côté des autres, et on les chauffe avec le même feu. Le foyer pratiqué à une des extrémités de la rangée, est construit de manière à mener la flamme par des conduits vers les embouchures, à la faire circuler avant qu'elle se rende dans la cheminée principale. Par cet arrangement les frais de carbonisation s'élèvent à environ 25 pour 100; mais il faut chauffer graduellement l'appareil quinze jours ou trois semaines avant de s'en servir; ces cornues pèsent environ 1300 livres. Chargées toutes les six heures avec un boisseau et demi de charbon , et chauffées à un degré convenable pour donner dix mille pieds cubes de gaz par chaldron de houille (2700 livres environ), elles peuvent durer un an ; mais elles sont plus coûteuses que les cylindriques ; les conduits de la flamme étant très-étendus et de petite dimension , s'engorgent fréquemment, elles demandent à être chauffées long - temps d'avance ; et enfin , quand elles sont défectueuses , elles coûtent beaucoup à changer, tandis que le déplacement des cornues cylindriques n'entraîne que peu de dépenses.

Méthode de placer deux cornues cylindriques sur un foyer chauffé par un seul feu, comme l'indique la planche II , figures 1, 2 et 3.

La figure 1re représente une vue de face de deux cornues placées sur un seul feu dans le même foyer. Elle indique comment sont placés sur les cornues les tuyaux d'émission qui portent le gaz dans le tube hydraulique de la même manière que l'indiquent les figures 1 et 3 de la planche III.

La figure 2 est la section verticale des mêmes cornues, supposée prise vers le milieu de leur longueur. Dans cette section , *a* repré-

7*

sente l'extrémité du conduit de la flamme, qui la dirige du foyer, sous la cornue inférieure, d'où elle s'élève ensuite près des embouchures par les ouvertures latérales $b\,b$; passe après entre les deux cornues, s'élève de nouveau au bout de la seconde. Elle est forcée d'en parcourir la partie supérieure, parce que l'ouverture c est placée à environ neuf pouces des embouchures : de là elle s'élève encore et parcourt une ligne horizontale pour arriver à la cheminée verticale ; $d\,d\,d$ sont les extrémités des sections des séparations de maçonnerie dont les deux inférieures portent les cornues, et la dernière forme la base du tuyau de cheminée supérieur et horizontal.

La figure 3 forme la section longitudinale de ces cornues ; a est le foyer ; b, une section des barres de la grille ; et c, le cendrier. La direction de la flamme est indiquée par de petites flèches.

Description et méthode de placer six cornues parallélipipèdes dans un foyer chauffé par un seul feu. — Pl. II, fig. 4 et 5.

La figure 4 représente la section transversale des six cornues parallélipipèdes chauffées par un seul feu. Ces cornues ont intérieurement un pied carré et six de longueur. Le foyer *a* avec son cendrier *b* est à un bout de la série, de manière que l'observateur placé en face des cornues se trouve aussi en face du foyer. Par cet arrangement , les cornues n°s 1 et 6 sont les plus chauffées; la 5e l'est le moins. Si on compare la disposition des conduits de la flamme , tels qu'ils sont indiqués dans la figure 5 de cette planche , on remarquera qu'il y en a quatre qui communiquent avec le foyer. On les a ainsi divisés pour les faire traverser de côté sous toutes les cornues, en formant ceux qui sont marqués *d d d d* , fig. 5. Ce rang de conduits est couvert par des briques plates , sur lesquelles les cornues sont placées l'une à côté de l'autre et sans interruption. Le dessus est parcouru par une nouvelle rangée de conduits *e e e e* , qui correspondent aux conduits inférieurs et sont aussi couverts de briques plates. Sur ces dernières est une troisième série de conduits d'environ les deux tiers de la profondeur des premières, qui s'élèvent par l'ouverture *f* , fig. 5 , et aboutissent dans la cheminée principale. Dans la figure 4 , la direction de la flamme est indiquée par des flèches partant du foyer. L'embouchure des vases est circulaire , comme l'indique la cornue 6.

La figure 5 représente une section longitudinale de ces cornues, les conduits et
l'action du feu en ont déjà été décrits. A est
la cornue; *a*, le foyer; *b*, le cendrier; et
c, les barres de la grille.

*Description de la méthode de placer cinq
cornues cylindriques dans un foyer chauffé
par trois feux, avec la section des tuyaux
hydrauliques et du tube plongeur. — Pl. III,
fig. 1; 2 et 3.*

La figure 1 représente la vue extérieure
des cornues A A A A A : elle donne les deux
cornues supérieures sans le couvercle de leur
embouchure respective; les deux des extrémités inférieures avec leur couvercle, mais
sans être assujetti par les pièces de traverse
qu'on voit sur celle du milieu. Le fourneau
de ces cornues est supporté par une voûte
en maçonnerie, marquée B B, qui s'avance
assez dans l'atelier pour que les ouvriers en
chargent ou vident les cornues, et puissent s'y
placer, et pour contenir une quantité de
charbon capable de suffire à deux ou trois
charges, plus le combustible dont on fait
actuellement usage, les luts, les outils, etc.
Immédiatement en face des cornues, et au
lieu de la partie qui sert de clef à la voûte, on

place un cadre de fonte de fer d'environ trois pieds et demi de long, et deux pieds de large, avec une porte en fer qui le ferme. Le dessous de ce cadre est courbé conformément à la voûte, de manière que ses bords intérieurs sont proportionnels à son rayon. L'ouverture est indiquée en C ; elle sert à faire tomber le coke dans le caveau D, lorsqu'on le retire rouge de la cornue ; *a a a*, portes des foyers ; *b b b*, portes des cendriers. Ces portes sont percées de trois fentes perpendiculaires dans les deux tiers de leur longueur, et de cinq huitièmes de pouces de large, pour permettre à un courant d'air de passer dans les foyers. Les dimensions peuvent en être diminuées par une autre pièce portant des ouvertures correspondantes, et glissant horizontalement d'une des coulisses pour régler à volonté l'admission de l'air ; *c c c c c* sont les tuyaux qui portent les gaz formés dans les cornues au tuyau hydraulique ; *d d d d d*, front des sections des tuyaux H ; *eeece*, front des sections des tuyaux plongeurs, avec les collets par lesquels ils sont attachés au tuyau hydraulique. E, tuyau hydraulique ; F, tuyau principal pour conduire les gaz et autres produits vers leurs réservoirs respectifs ; GGGGG, colonnes de fonte de fer avec croissant au-dessus pour recevoir et supporter le tuyau hydraulique.

La figure 2 est une section des mêmes cornues, qui est supposée les couper vers le milieu. Dans cette section on ne voit pas les tuyaux hydrauliques, plongeurs et conducteurs. AAAAA, cornues ; *aaaaaa*, parties de la voûte formant le four et maçonneries contiguës aux foyers, qui doivent être construites de briques très-réfractaires. Le sommet du four est aplati en *b* ; à l'extrémité sont deux ouvertures qui conduisent à deux petites cheminées *cc* ; ces conduits se dirigent sur le haut du four vers le devant des cornues ; là ils se recourbent l'un vers l'autre et se réunissent dans le conduit du centre *d*, pour gagner la cheminée principale H par l'ouverture *e* ; *fff*, foyers ; *ggg*, cendriers ; *hhh*, petites voûtes en brique, placées au-dessous des cornues inférieures pour les protéger contre l'action du feu. Les deux supérieures sont supportées vers le milieu par des barres de fer forgé, qui traversent le four en passant sur des pièces de fonte qui les maintiennent par des écrous dans la position nécessaire.

Lorsque, dans le principe, on se servit de ce fourneau, les cornues étoient supportées par des appuis en fonte de fer, noyés dans la maçonnerie, et s'élevant à une hauteur convenable pour les recevoir. On ne les emploie plus, le dessin n'en fait pas mention.

La figure 3 est une section longitudinale des cornues cylindriques placées dans le fourneau. A A sont les cornues, l'embouchure de la plus basse étant fermée par son couvercle et la pièce qui le maintient, la cornue du dessus est sans couvercle ; f est le foyer, avec la position des barres de la grille ; g, le cendrier. L'action du feu est dans cette section la même que celle que nous avons déjà décrite à la figure 2 ; la flamme ayant exercé sa force dans le fourneau, s'élève par l'ouverture qui se trouve à l'extrémité des cornues, et passe par les conduits vers leur embouchure, jusqu'à ce qu'elle arrive en d, où elle entre dans le conduit du milieu, qui court parallèlement à celui qui est noté c ; elle passe enfin dans la partie e pour arriver à la cheminée principale H ; h est un tube qui envoie le gaz et les autres produits de la cornue au tuyau i, en passant par le tuyau plongeur K, pour entrer dans le tuyau hydraulique E. Dans cette section du tuyau hydraulique, le fluide qui ferme le tuyau plongeur est indiqué en l, c'est à travers ce tuyau que le gaz s'échappe en bulles, et passe de la partie supérieure du tuyau hydraulique dans le tube F (fig. 1), pour aboutir aux condensateurs. Le tuyau hydraulique est supporté dans cette section par un moyen semblable à celui qui est indiqué fig. 1; mais, au lieu d'une voûte de briques pour former le plancher de face, *m* est une rangée de poutres pour supporter un plancher de fonte de fer, *n* une ouverture par laquelle le coke tiré des cornues tombe dans la cave *o*. Cette ouverture est couverte par une porte de fer qui est toujours fermée, excepté quand on décharge les cornues.

Description de la méthode de M. John Malam, pour placer cinq cornues elliptiques dans un fourneau chauffé par trois feux, avec les sections du tuyau hydraulique, et des tuyaux plongeurs. — Pl. IV, fig. 1 et 3.

La figure 1 représente une vue de face des cornues, dont l'arrangement, celui du tuyau hydraulique et des tuyaux plongeurs, sont presque les mêmes que ceux que nous avons décrits planche III. Il n'est pas nécessaire d'en répéter la description : nous allons seulement parler de quelques parties qui en diffèrent. Le devant des cornues est une

plaque de fonte A A A A , contre laquelle
repose le flanc de ces vases. A chaque coin de
cette plaque est un trou destiné à recevoir
un boulon qui traverse la maçonnerie, et
se rend derrière le fourneau où se trouve
une plaque semblable , qui a des ouvertures
placées au bout de chaque cornue ; ces ouvertures sont fermées par des tampons qu'on
enlève lorsqu'on a besoin de changer une
cornue qui est usée. Les plaques sont aussi
munies de petites ouvertures destinées à laisser voir l'état du feu. Les boulons de la plaque
du devant traversent également celle-ci, et au
moyen d'écrous elles sont serrées ensemble.
D'après cet arrangement, et par un moyen qui
sera décrit ci-après , en parlant des figures 3
et 4, pl. VII, il n'est pas nécessaire de détruire
la maçonnerie quand on a besoin de changer une cornue. Les feux pour les chauffer
sont placés sur le derrière.

La figure 2 est une section des mêmes
cornues, prise vers leur milieu ; *a a* sont de
petits murs qui divisent la distance entre les
murs extérieurs *bb* , en trois parties égales
qui correspondent avec les foyers ; *c c c* sont les
extrémités des voûtes sur leurs foyers respectifs, et s'appuyant sur les murs *a a* ; *d d d*
sont trois tuiles à feu très-réfractaires, qui po-

sent sur les murs *b a a b* ; ces tuiles forment
un pont d'un côté du four à l'autre ; et *f e e*
est une section du four, les parties supérieures de chaque côté, marquées *e e*, sont
construites de briques à four de Stourbridge,
et la partie plate *f* de celles du pays de Galles,
où de tuiles à feu ; *g g* sont les sections des
deux conduits horizontaux qui s'élèvent près
de l'embouchure de la cornue, et se dirigent
vers la cheminée principale.

La figure 3 représente une section longitudinale des cornues placées d'après le plan
de M. Malam. AA , cornues ; *b* , foyer ; *c*,
section des barres de la grille ; le dessous est
en forme circulaire, et muni d'une canné-
lure suffisamment profonde pour permettre à
l'air froid qui vient du cendrier d'agir pleine-
ment et empêcher ainsi la destruction rapide
qui a lieu lorsqu'on se sert de barreaux de fonte
de fer ; *f*, cendrier ; *a* est une section des murs
qui divisent les flammes des différens foyers ;
d , section des tuiles qui forment le pont.
La flamme agissant sur l'arche *c* , comme on
le voit dans les figures 1 et 3, passe entre les
murs de division , sous la rangée de tuiles *d* ,
où elle se divise dans la direction des deux flèches, et par ce moyen donne une chaleur uniforme dans le four. Le conduit de la cheminée
est indiqué en *g*, il passe le long de *h*, s'élève

en *i*, et gagne la cheminée principale. Ces cornues sont fondues avec une projection cylindrique au bout qui est reçu dans la maçonnerie ; elles sont aussi supportées par les appuis de fonte de fer (noyés dans la maçonnerie sous ces cornues) portant une embâse au sommet. La section des tuyaux hydrauliques et plongeurs et du plancher est la même que celle des cornues cylindriques.

La petitesse de l'échelle sur laquelle on a gravé ces sections, ne permet pas d'expliquer le mode adopté pour enlever et changer les cornues défectueuses et usées.

Figure 3, section transversale du cercle accouplé qui environne la cornue quand elle est en place. La face de cet anneau accouplé est placée et serrée sur les flancs de la cornue.

Figure 4, *aa*, section longitudinale de l'anneau qui en montre la forme, ressemblant à un coin ; *bb*, plaque de fer du devant du four, coulé avec un corps rentrant pour recevoir l'anneau quand il est mis en place, et qu'il enveloppe les flancs de la cornue, pour la joindre à la plaque ; *cc*, partie de la maçonnerie de la face du four, coupée angulairement, pour que la chaleur approche aussi près de l'embouchure de la cornue que l'anneau le permet.

Par ce moyen il est évident qu'en introduisant l'anneau jusqu'à sa place , le garnissant de ciment , l'enfonçant avec force entre la cornue et le four, il formera un joint parfait tout autour : au contraire , quand une cornue devient défectueuse par le déplacement du prolongement cylindrique qui est au bout , ou par une autre cause, on fait à ce bout une pesée par le moyen d'une barre de fer (le joint entre l'embouchure et le tuyau d'émission du gaz étant d'abord défait) , on l'enlève de la position qu'elle avoit prise , et on desserre l'anneau , quand la cornue a été poussée d'environ un pied ; alors il y a une place suffisante pour la sortir du four ; on en introduit une autre à sa place , et toute l'opération peut se faire en deux ou trois heures.

CARBONISATION.

Un des points les plus importans de la fabrication des gaz pour l'éclairage et l'économie du combustible qu'on emploie à chauffer les cornues. On a fait divers essais à cet égard : on avoit d'abord pensé qu'il y a de l'économie à travailler à une basse température ; mais des expériences nombreuses, faites avec diverses espèces de cornues, ont prouvé qu'il n'en est pas ainsi. Une quantité de houille qui donne 10,000 pieds cubes de gaz au-dessus du rouge blanc, n'en produit plus qu'environ 8000 , lorsqu'on la distille au-dessous. Cette différence est trop considérable pour être balancée par l'économie qu'on fait sur le combustible, ou même par le temps qu'on gagne sur la durée des cornues. Tout pesé , tout comparé , ce qu'il y a de mieux à faire quand celles-ci sont cylindriques , c'est de borner la charge à deux boisseaux , et d'élever suffisamment la température pour extraire terme moyen 10,000 pieds cubes de gaz par chaldron.

Tandis que d'une part on supposoit qu'il y a de l'avantage à distiller à une basse température, on pensoit de l'autre qu'il vaut mieux réduire la charge de 2 boisseaux à 1 ½,

ou même 1 ¼, et ne mettre que six heures à
la décomposer, attendu que les ⅚ du gaz se
dégagent dans cet intervalle. Voici en effet
les résultats qu'a donnés une série d'expériences faites à cet égard avec de la houille
de Bewicke et Castor's-Wallsend.

heures.	pieds cubes de gaz.
1re.	2000
2e.	1495
3e.	1387
4e.	1279
5e.	1189
6e.	991
7e.	884
8e.	775
TOTAL	10,000 pieds cubes

extraits d'un chaldron, en opérant par charge
de huit heures. Si on prend ce nombre pour
unité, les quantités de gaz qui se dégagent
par heure successive, seront exprimées par
des décimales; en sorte que si l'on connoît
ce qui s'est distillé pendant un espace de
temps donné, on pourra évaluer la masse
entière du gaz que produira l'opération. Il
suffira de diviser la quantité connue par la
somme des décimales qui correspondent dans
la table avec les heures pendant lesquelles
peut se faire l'observation. Supposons, par

exemple, un nombre de cornues suffisant pour dégager depuis le commencement de la deuxième heure jusqu'à la fin de la cinquième de l'opération, 6741 pieds cubes de gaz, il faut trouver la quantité dégagée pendant tout le temps de la charge.

Consultons la table, nous trouverons :

heures.	pieds cubes dégagés.
2e.	1495
3e.	1387
4e.	1279
5e.	1189
Leur somme........	5350 sera le divis.

et 6741 $\begin{cases} 5350 \text{ donnera} \\ 12,600 \text{ pour quotient.} \end{cases}$

Revenons maintenant au sujet qui nous occupe : voyons s'il y a du bénéfice à réduire le temps des opérations : il se dégage effectivement plus de gaz pendant la première partie de l'opération que pendant la seconde ; mais cela ne suffit pas pour motiver la réduction.

En effet, un chaldron de rouille de Bewicke et de Castor's-Wallsend donne au rouge blanc, dans les charges de huit heures, 10,000 pieds cubes de gaz, tandis qu'il n'en produit au plus dans une charge de six , faite à la même température, que 8300. Si nous supposons d'après cela qu'il y ait dix-huit cornues en œuvre , elles donneront par jour, en portant la charge à huit heures, 30,000 pieds cubes , tandis qu'il faudra quatre fois autant de vases , si les charges sont de six heures, pour obtenir le même résultat.

En effet ils ne décomposeront pas pendant ce temps plus de trois chaldrons de houille , et ne produiront pas à la température où sont portées les charges de huit heures, plus de 24,900 pieds cubes de gaz , attendu qu'on a dû réduire le charbon dans le même rapport que le temps, et que la charge ne doit pas excéder un boisseau et demi, quelque foible qu'elle soit ; elle n'est cependant qu'imparfaitement décomposée, et le volume du coke n'est pas à beaucoup près aussi fort que dans le cas où l'opération se prolonge pendant huit heures. Ce combustible est moins bon, et ne peut être appliqué à tous les usages dont il est ordinairement susceptible.

Pour faire mieux sentir les désavantages de cette méthode, je vais établir comparativement les dépenses et les produits pendant une semaine des deux espèces de charges.

Charges de 6 heures.

Report A.

JOURS de LA SEMAINE.	CORNUES employées.	HOUILLE				GAZ.	
		soumise à la distilla-tion.		employée à chauffer les cornues.		PRODUIT.	Proportion obtenue d'un chald. de houille, 2,700 liv.
	Nos.	chal.	bois.	chal.	bois.	pi. cub.	pi. cub.
Lundi.....	87	10	30	4	24	94,987	8,768
Mardi.....	88	14	24	6	8	128,597	8,784
Mercredi ..	88	14	24	6	8	122,188	8,331
Jeudi.....	94	15	24	6	26	131,176	8,337
Vendredi..	96	16	0	6	32	127,696	7,981
Samedi....	96	16	0	6	20	127,536	7,971
Dimanche..	96	15	18	6	4	125,487	8,092
		103	12	43	14	857,667	8,300

DÉPENSE.

livres sterling.

103 chaldrons 12 boisseaux de houille, de B. et C. Wallsend, carbonisée à 51 s. 6 d....... 266 1 8

3 chald. 14 boiss. de houille de Hertley, employée pour chauffer les cornues, à 40 sous le chaldron................................. 91 2 4

Salaire de deux ouvriers que n'exigent pas les charges à huit heures à 36 s. chaque par semaine................................. 3 12 »

DÉPENSE TOTALE......., 360 16 »

8

PRODUITS.

		livres sterling.		
Coke , 103 chal. 12 boiss., à 27 s. le chal........		139	12	»
Br. 9 boiss., à 18 s. le boiss....................		5	12	6
Goudron , 7 ¾ ton. , à 8 liv. sterl. le ton.		62	»	»
Liqueur ammoniacale, 1,464 gallons, à 3 d. le gallon		23	6	»
Gaz, 857,667 pieds cubes, à 15 s. le millier......		643	5	«
Produit total........		873	15	6

Les dépenses de combustible, de houille, etc., pour dégager 857,667 pieds cubes de gaz, s'élèvent à 360 liv. 16 s. st. ; les produits représentent une valeur de 873 liv. 15 s. 6 d. st., et la moyenne du gaz qu'on retire d'un chaldron de houille est de 8,300 pieds cubes.

Charges de 8 heures.

Report B.

JOURS de LA SEMAINE.	CORNUES employées.	HOUILLE				GAZ.	
		soumise à la distillation.		employée à chauffer les cornues.		PRODUIT.	Proportion obtenue d'un chald. de houille 2,700 liv.
	Nos.	chal.	bois.	chal.	bois.	pi. cub.	pi. cub.
Lundi.....	57	9	18	2	13	94,987	10,000
Mardi.....	77	12	31	3	8	128,594	10,000
Mercredi ..	73	12	8	3	2	122,188	10,000
Jeudi.....	79	13	4	3	10	131,176	id.
Vendredi..	76	12	27	3	7	127,696	id.
Samedi....	77	12	27	3	6	127,536	id.
Dimanche..	75	12	20	3	6	125,487	id.
		85	27	21	16	857,667	10,000

DÉPENSE.

<pre>
                                              livres sterling.
85 chald. 27 boiss. de houille B. et C. Wall-
  send, carbonisée, à 51 s. 6 d. par chald.....   220 15   1½
21 chald. 16 boiss. de houille de Hartley, em-
  ployée au chauffage des cornues, à 42 s. le
  chald...   45   1   8
                                                  ───────────────
              DÉPENSE TOTALE......   265 16   9½
</pre>

PRODUITS.

<pre>
                                              livres sterling.
    100 ch. de coke, à 27 s. le ch............... 135   »   »
      3 ch. de br., à 18 s. le ch................   2 14   »
      6 ton. 8 cents de goudron, à 8 l. st. le ton. 51   4   »
  1,536 gal. de liqueur ammoniacale, à 3 den. le
         gallon...................................   19   4   »
857,667 pieds cubes de gaz, à 15 s. le mille...... 643   5   »
                                                    ───────────────
              TOTAL DES PRODUITS...   851   7   »
</pre>

D'après le résultat de cette opération, une dépense de 265 liv. 16 s. 9 ½ sterl. produit une valeur de 851 liv. 7 s. sterl.

En comparant les deux reports qui précèdent, on voit qu'on obtenoit chaque jour la même quantité de gaz, quoiqu'il y eût moins de cornues employées et moins de houille consommée dans le report B que dans le report A; c'est-à-dire que la quantité de combustible employé au chauffage est moindre dans les charges de huit heures que dans celles de six, et que celle du gaz obtenu est au contraire plus considérable.

<pre>
                                              liv. sterling.
Si maintenant nous retranchons des produits du
  report A....................................... 873 15   6
les produits du report B......................... 851   7   »
                                                   ───────────────
nous aurons pour différence......................   22   8   6
qui, soustraits de celle que présente la dépense
qui est énoncée aux reports, savoir report A..... 360 16   »
                                    B.....   265 16   9½
                                                   ───────────────
              Différence..........   94 19   2½
              En retranchant......   22   8   6
                                                   ───────────────
              il reste..........   72 10   8½
</pre>

pour balance en faveur des charges à 8 heures pour une semaine de travail.

Nous venons de voir quelles sont les quantités de houille que consomment les charges à six et à huit heures pour donner un égal volume de gaz ; il nous reste à examiner celui d'hydrogène carboné qu'on obtient en soumettant à un travail de huit les cornues qui opéroient à six.

Charges de 8 heures.

Report C.

JOURS de LA SEMAINE.	CORNUES employées.	HOUILLE				GAZ.	
		soumise à la distilla-tion.		brûlée sous les cornues.		PRODUIT.	Proportion obtenue d'un chald. de houille, 2,700 liv.
	Nos.	chal.	bois.	chal.	bois.	pi. cub.	pi. cub.
Lundi. , . . .	87	14	18	3	22	145,000	10,000
Mardi.	88	14	24	3	24	146,667	id.
Mercredi . .	88	14	24	3	24	146,667	id.
Jeudi	94	15	24	3	33	156,666	id.
Vendredi . .	96	16	0	4	0	160,000	id.
Samedi	96	16	0	4	0	160,000	id.
Dimanche .	96	15	18	3	32	155,000	id.
		107	0	26	27	1,070,000	10,000

DÉPENSE.

liv. sterling.

107 chald. de houille de B. et C. Wallsend, carbonisée, à 51 s. 6 d. par chald.   275   10 ,   6

26 chald. 27 boiss. de houille de Hartley, brûlée pour chauffer les cornues, à 42 s. par chal. . .   56   3   6

DÉPENSE TOTALE   331   14

PRODUITS.

		liv.	sterling.	
124 chal. de coke, à 27 s. le chal..........		167	8	»
4 chal. de br., à 18 s. le chald..........		3	12	»
8 ton. de goudron, à 8 liv. st. le ton....		64	»	»
1,945 gal. de liqueur ammoniacale, à 3 d. le gal..................................		24	6	3
1,070,000 pieds cubes de gaz, à 15 s. le mille....		802	10	»
PRODUIT TOTAL........		1,061	16	3

RÉCAPITULATION.

	liv.	sterling.	
Produits d'après le report C...	1,061	16	3
Id. id. A...	873	15	6
Différence.............	188	»	9
Dépenses d'après le report A...	360	16	»
Id. id. C...	331	14	»
Différence............	29	2	»

Il résulte de là que la balance est tout à l'avantage des charges de 8 heures, qu'elles donnent une augmentation de produits représentée par.. 188 » 9 et que la dépense est plus foible de............. 29 2 »

La balance est par conséquent de........... 217 2 9

en faveur de la méthode de carbonisation spécifiée en C. ; et, quelque soit le nombre des cornues cylindriques, il y aura toujours de l'avantage à faire des charges de huit heures, plutôt que des charges de six.

Un autre inconvénient de cette espèce de charge, c'est que les cornues s'usent et se détruisent beaucoup plus vite : à peine si elles durent les deux tiers du temps qu'elles font avec des charges de huit heures. C'est une conséquence de la haute température à laquelle on est obligé d'opérer ; les foyers, les grilles, les massifs, tout cède à son action, et se dégrade rapidement. Les frais d'entretien sont en conséquence beaucoup plus considérables.

Les cornues semi-circulaires et elliptiques sont supérieures aux cylindriques sous tous les rapports : elles prennent moins de temps à la carbonisation, elles donnent plus de gaz, produisent plus de coke, et résistent plus long-temps à l'action du feu. Elles ont cependant un inconvénient, c'est que leurs angles donnent prise à la flamme, et se détruisent assez vite ; mais, en les émoussant, comme c'est généralement l'usage, on les met à l'abri de cette circonstance fâcheuse ; leur durée moyenne alors, quand elles travaillent jour et nuit, est de sept à huit mois. Elles rendent, terme moyen, 13,000 pieds cubes de gaz par chaldron, avec environ 40 p. 100 de coke en sus de ce qu'on tire communément. Elles sont d'ailleurs plus faciles à manœuvrer, et entraînent moins de perte de temps.

Donnons un aperçu de la marche de cette espèce de cornues que nous comparerons à celle des cornues cylindriques.

CORNUES ELLIPTIQUES.

Charges de 4 heures.

Report D.

JOURS de LA SEMAINE.	CORNUES employées.	HOUILLE				GAZ.	
		soumise à la distilla-tion.		employée à chauffer les cornues.		PRODUIT.	Proportion obtenue d'un chald. de houille, 2,700 liv.
	Nᵒˢ.	chal.	bois.	chal.	bois.	pi. cub.	pi. cub.
Lundi.....	27	6	28	2	6	94,987	14,000
Mardi.....	37	9	7	3	0	128,597	id.
Mercredi..	35	8	26	2	30	122,188	id.
Jeudi.....	38	9	13	3	0	131,176	id.
Vendredi..	36	9	4	3	0	127,696	id.
Samedi.....	36	9	4	3	0	127,536	id.
Dimanche .	36	8	34	2	27	125,487	id.
		61	8	19	27	857,667	14,000

DÉPENSE.

liv. sterling.

61 chald. 8 boiss. de houille B. et C. Wallsend, carbonisée, à 51 s. 6 d. le chald............ 157 12 »

19 chald. 27 boiss. de houille de Hartley, brûlée pour chauffer les cornues, à 42 s. le chald... 41 9 6

DÉPENSE TOTALE...... 199 1 6

PRODUITS.

		liv. sterling.		
90.. chald. de coke, à 22 s. le chald.......		99	»	»
5.. chald. de br., à 18 s. le chal........		4	10	»
3½ de ton. de goudron, à 8 liv. st. le ton.		28	»	»
1,200.. gall. de liqueur ammoniacale, à 3 s. le gallon.....................		15	»	»
857,667.. pieds cubes de gaz, à 15 s. le millier..		643	5	»
PRODUIT TOTAL........		789	15	»

Il faut, dans le cas du report B., 10 ouvriers; 15 suffisent dans celui de D.; il y a donc sur la main-d'œuvre une économie de..............

	liv. sterling.		
main-d'œuvre une économie de..............	18	»	»

Comme elle tient à la nature des cornues, nous pouvons l'ajouter aux produits, qui s'élèveront alors à.................... 807 15 »

Si maintenant nous retranchons des produits du report B............................. 851 7 »

ceux du report D............................. 807 15 »

nous aurons pour différence................... 43 12 »

qui, retranchée à son tour de la différence que présentent les dépenses portées aux reports dont il s'agit; savoir, report B.................... 265 16 9½

D.................... 199 1 6

donne....... 66 15 3½

moins....... 43 12 »

laisse....... 23 3 3½

pour balance en faveur du travail hebdomadaire des cornues elliptiques.

Du tuyau hydraulique.

C'est ce gros tuyau qui règne à une certaine hauteur devant le front des fourneaux, et qui reçoit les tubes recourbés des cornues.

Il est rempli à moitié d'eau , ou des matières liquides que donne la distillation , et dans lesquelles plongent de deux ou trois pouces les tubes recourbés ; l'orifice en est fermé de ce côté , afin que lorsque l'on décharge une cornue, le gaz qui continue de se former dans les autres, ne s'échappe pas par l'ouverture , pour venir s'enflammer devant la bouche des fourneaux. La partie du tube qui forme siphon , s'élève en conséquence de quelques pieds avant de redescendre vers la cornue, afin que la pression qu'éprouve le gaz en traversant l'eau du purificateur, ne puisse faire remonter jusqu'à la courbure le liquide contenu dans le tuyau hydraulique. A une des extrémités de celui-ci et au-dessus du niveau d'eau est placé le tube qui mène les gaz dans le condensateur, et de là au réservoir où se déposent le goudron et la liqueur ammoniacale.

Du condensateur.

Lorsque le gaz est dégagé , il faut le dépouiller des parties hétérogènes dont il est chargé , avant qu'il arrive au purificateur ; sans cela les eaux de chaux seroient bientôt souillées , et demanderoient à être renouvelées fréquemment ; il en faudroit des quantités plus considérables , et le goudron , ainsi que la liqueur ammoniacale qu'on peut utiliser, seroient perdus. Le moyen que l'on emploie pour condenser ces vapeurs, consiste à les faire circuler dans des tubes immergés dans une cuve d'eau froide, et sans cesse renouvelée, à peu près comme on fait pour les serpentins d'alambic. On a donné différentes formes à ces appareils, mais toutes se réduisent à multiplier les surfaces des tubes; le gaz reste alors plus long-temps en contact avec les parois que l'eau refroidit, et se dépouille mieux.

Des réservoirs à goudron et à liqueur ammoniacale.

Chaque chaldron de houille soumise à la distillation donne de 140 à 150 livres de goudron, et 15 à 18 gallons de liqueur ammoniacale; il devient par conséquent indispensable de les recevoir lorsqu'ils sont condensés, dans des vases destinés à cet objet. Ce sont ordinairement des vases en fer ou en bois, qui n'ont à la partie supérieure qu'une légère ouverture, de crainte que la liqueur ammoniacale ne perde de sa force. Les deux corps arrivent pêle-mêle, mais la pesanteur spécifique les sépare bientôt, le goudron tombe au fond, et la liqueur surnage. Deux robinets, disposés l'un au bas et l'autre à 20 ou 24 pouces du fond, servent à soutirer séparément les deux fluides.

De la purification.

Lorsque la houille est soumise à l'action du feu en vases clos, le carbone qu'elle renferme, se combine à une certaine température avec une portion d'oxigène, et forme de l'acide carbonique. A une période plus avancée de l'opération, il s'unit à l'hydrogène, et forme du gaz hydrogène carburé, du gaz oléfiant, du gaz oxide de carbone, dont les quantités varient suivant les parties constituantes de la houille soumise à la distillation. Si on brûloit le gaz dans cet état, c'est-à-dire sans l'avoir purifié, il laisseroit échapper des étincelles ; l'oxigène de l'air s'uniroit au soufre brûlé avec le gaz, et il y auroit formation d'acide sulfureux. On éprouveroit à la fois une odeur désagréable et un effet funeste à la santé. Il est donc indispensable de purifier le gaz : on peut y parvenir de plusieurs manières : 1°. en lui faisant traverser une solution de chaux ; 2°. en le faisant agir sur la chaux demi-fluide ; 3°. en le forçant de traverser un lit de chaux sèche et en poudre ; 4°. enfin en le faisant passer à travers des tubes rouges de feu.

Le premier moyen s'exécute en faisant arriver par la partie inférieure d'un vase hermétiquement fermé, et sous un faux fond criblé de trous, le gaz qui se divise, se brise, traverse la chaux et arrive dépouillé des acides auxquels il étoit mêlé, à la partie supérieure du vase où il enfile un tuyau qui le conduit au gazomètre. Pendant la traversée on tourne un agitateur formé de quatre ailes en croix, et attachées à un arbre vertical qui renouvelle et déplace continuellement les molécules de l'eau de chaux.

C'est à peu de chose près le moyen qu'on emploie quand on purifie avec la chaux à l'état liquide; on recourt à cette méthode qui est un peu plus coûteuse, quand on ne peut aisément se défaire des eaux de chaux, que leur odeur incommode, et qu'elles occasionnent trop d'inconvéniens.

La troisième méthode de purifier le gaz consiste à lui faire traverser de la chaux en poudre : on en fait une couche de quelques pouces d'épaisseur, qu'on a soin de ne pas fouler et de ne pas prendre trop fine, sans cela le gaz auroit de la peine à passer au travers; on place cette chaux sur un diaphragme qui sépare en deux une caisse close, par le fond de laquelle on fait arriver le gaz qui sort après la purification par la partie supérieure.

Le dernier mode d'obtenir cet effet est de faire passer le gaz , en sortant du condensateur, dans des tubes de fer chauffés au rouge, et remplis de féraille , pour augmenter les points de contact ; mais ce mode n'a pas été pratiqué très en grand, et les manufacturiers paroissent avoir donné la préférence au lavage à la chaux liquide, ou au lait de chaux.

Des gazomètres.

Les réservoirs , improprement appelés gazomètres, sont destinés à emmagasiner le gaz à mesure qu'il se purifie, pour le distribuer ensuite aux becs à éclairer. Ils sont de diverses formes et grandeurs ; mais le plus communément on leur donne 15 à 20 mille pieds cubes de capacité , ou 33 à 40 pieds de diamètre, et 18 à 23 de hauteur.

Il y a dans ces machines deux parties bien distinctes à considérer : l'une est le réservoir d'eau dans lequel doit plonger l'espèce de cloche destinée à prévenir la diffusion du gaz. On donne à ce bassin 12 à 15 pouces de diamètre de plus qu'au gazomètre qu'il doit contenir : on le construit en terre et en bonne maçonnerie , qui ne laisse aucune issue à l'eau dont il doit être rempli. Il est muni d'un tuyau pour lui fournir l'eau , et d'un tuyau de trop plein. Le gaz arrive du purificateur par un tuyau qui passe sous le fond de ce réservoir d'eau, et qui s'élève verticalement jusqu'à sa surface. L'autre partie est le gazomètre; c'est une cloche renversée, construite en feuilles de métal, clouées et assemblées avec soin; son fond, ou la partie supérieure, est ordinairement plane, ou du moins peu convexe. Il est suspendu à une chaîne passant sur une poulie placée au-dessous, et qui se recourbe à angle droit pour en joindre une seconde, et supporter par ce bout un contrepoids qui doit à peu près faire équilibre au gazomètre. Je dis à peu près, parce qu'il est nécessaire qu'il y ait toujours un excédant de poids du côté de celui-ci, afin que le gaz éprouve une compression suffisante pour lui faire parcourir toute l'étendue des tuyaux, et le chasser sur les becs avec une certaine vitesse. Cette pression est ordinairement de deux pouces, ou, en d'autres termes, il faut que l'eau qui se trouve dans l'intérieur du gazomètre, soit deux pouces plus bas que le niveau de l'eau qui est en dehors. Mais, pour maintenir l'équilibre à toutes les hauteurs où le gazomètre plonge dans l'eau, et compenser la perte de poids qu'il éprouve à mesure qu'il s'enfonce, on donne une excentricité à la première poulie qui le supporte, et on rachète la différence par l'inégalité des bras du levier.

Quelquefois, au lieu de suspendre le ga-zomètre à une charpente coûteuse, on établit à son centre un tube de trois à quatre pieds de diamètre ; ce tube enveloppe à une petite distance une colonne de fonte creuse, qu'on a élevée au milieu du réservoir d'eau ; on fait passer le contre-poids dans l'intérieur ; et, comme la chaîne qui le supporte est calculée de manière qu'il plonge dans l'eau qui pé-nètre au centre de la colonne, et d'autant plus que le gazomètre s'élève davantage, les différences se compensent.

De la surface de l'eau du réservoir part un tuyau qui descend perpendiculairement, passe sous le bassin et se dirige du côté des lieux à éclairer. C'est à ce tuyau principal, qui règne sous le pavé des rues au-devant des maisons, qu'on adapte d'autres petits tuyaux pour le distribuer dans les habitations, et y porter la lumière.

FABRICATION

DU SUCRE DE BETTERAVES.

—

Il existe en ce moment en France dix-huit
à vingt sucreries de betteraves, quoiqu'il n'y
en ait qu'un très-petit nombre qui soient dans
un état de prospérité propre à encourager
l'extension de ces établissemens ; le fait seul
de leur existence dans des localités si différentes les unes des autres , en Lorraine et en
Poitou, dans l'Artois et dans l'Orléanais, ne
permet pas de douter que ce genre d'industrie ne nous soit acquis, et que le temps ne
doive nous affranchir du tribut que nous
payons aux deux Indes pour une denrée de-
venue aujourd'hui de première nécessité.

Presque tous les établissemens de ce genre
ont été élevés dans de grandes propriétés, et
plutôt comme une annexe à l'exploitation agri-
cole, que comme une spéculation bien dis-
tincte. C'est à cette considération , d'après

laquelle ils ont été formés, qu'on doit attribuer l'état, pour ainsi dire stationnaire, dans lequel cette industrie s'est arrêtée depuis six à huit ans. Ainsi ces sucreries ont été montées dans de petites proportions : on a borné leur extension sur la quantité de betteraves que pouvoient fournir les terres de la propriété sur laquelle on les a établies ; on a prolongé la durée de l'exploitation pour ménager de la nourriture aux bestiaux, etc. etc. Le vil prix du sucre ne permet pas à des sucreries montées dans des limites aussi étroites, d'avoir, pour les diriger, des hommes capables qui s'y adonnent exclusivement, d'être fournies des meilleurs ustensiles ; enfin de faire la fabrication avec toute l'économie dont elle est susceptible, et tout le succès qu'on peut en attendre.

Tant que la culture en grand de la betterave étoit toute nouvelle pour le pays, tant que les résultats de la fabrication n'étoient pas bien connus, les sucreries n'ont pu être conçues que dans ces considérations ; il n'y avoit que le grand propriétaire qui pût se décider à se découvrir du capital considérable, nécessaire pour fonder un tel établissement, parce qu'il étoit assuré de trouver dans ses terres de quoi fournir à son exploitation, et qu'il avoit tous les avantages de l'introduc-

tion d'une culture nouvelle dont les produits
ont un débouché assuré, et qui donne à l'a-
griculture de grands moyens d'améliorations,
en créant une quantité considérable d'en-
grais. Mais aujourd'hui que l'expérience a
démontré que partout la betterave réussit,
que les paysans qui en voient les succès depuis cinq à six ans, loin de conserver leur
répugnance première pour cette culture, sentent tous les avantages qu'elle porte avec elle ;
on peut monter avec fruit des fabriques de
sucre, qui seroient alimentées par les betteraves que lui fourniroient les cultivateurs
voisins. Il ne s'agit que de les établir dans
des localités convenables, là où le prix du
combustible est peu élevé, où la main-d'œuvre
et les terres sont à bon compte. Déjà dans
plusieurs pays on obtient la betterave à 6 fr.
le millier, et jusqu'à présent on l'avoit comptée
à dix fr., partout où le propriétaire la four-
nissoit exclusivement ; on ne peut douter
qu'aussitôt qu'on mettra en concurrence tous
les cultivateurs, ce prix ne baisse considérablement. D'après la diminution prodigieuse
du prix de la fécule de pomme de terre depuis six ans, on peut conclure par induction
celle que pourroit éprouver le prix actuel de
la betterave.

Il paroît étonnant que le gouvernement

n'ait pas donné d'encouragemens à cette industrie. Au rapport de M. le directeur général des douanes à la Chambre des Députés (séance du 19 janvier 1822), il est entré en France 460 millions de livres de sucre brut pendant les six années de 1816 à 1821 ; c'est par an 76,666,660 livres. Dans l'hypothèse où la France trouveroit ce sucre sur son territoire, et ne le comptant qu'à 70 fr. les cent livres, ce seroit plus de 54,000,000 fr. que gagneroit annuellement notre agriculture ; et il n'est point impossible que cette supposition se réalise, il ne faudroit pas pour cela plus de 55,000 hectares de terres en culture de betteraves.

Que l'on considère combien il y a en France de pays où l'on suit encore l'ancienne routine de l'assolement triennal avec jachères ; là on obtiendra la betterave sans récolter moins de céréales : on la semera dans les terres qui devroient être en jachères, et aussitôt qu'elle sera arrachée, on semera immédiatement le blé sans labours préparatoires ; partout où ces essais ont été faits, ils ont été couronnés de succès. Ainsi, dans ces localités, le cultivateur obtiendra une récolte de betteraves en sus de ses récoltes ordinaires, et en outre le fabricant lui rendant ses marcs, il aura pendant la saison rigoureuse une nourriture très-saine avec laquelle il pourra entretenir un plus grand nombre de bestiaux que ne lui permettroient ses ressources ordinaires. Un hectare lui fournira 130 quintaux de marcs équivalens à 65 quintaux de fourrages secs, et qui deviennent d'un intérêt majeur, si on les fait consommer par des troupeaux de mérinos auxquels ils conviennent parfaitement.

La culture de la betterave est déjà assez répandue pour que je croie pouvoir me dispenser d'en décrire les différens procédés, que d'ailleurs on trouve dans plusieurs ouvrages publiés sur ce sujet. Je me bornerai à envisager la fabrication proprement dite, à faire apprécier les avantages qu'elle peut présenter, et je décrirai ensuite les ustensiles nécessaires à ces établissemens, et la série des opérations.

COMPTE d'une journée d'exploitation de 36 milliers de betteraves, au prix de 10 fr. le millier, qu'ont adopté jusqu'à présent les propriétaires des fabriques, qui eux-mêmes fournissoient la betterave.

PRODUITS.

			fr.	
1260 l. de sucre brut (proportion de 3½ pour 100 de betteraves), à.........	55 fr...	693	»	
1080 de mélasse (proportion de 3 p. %), à....	6	... 64	80	
12,000 de marc, que je ne compte point et que je suppose rendu gratuitement aux cultivateurs qui fournissent la betterave...........	*Pour mémoire.*			

TOTAL DES PRODUITS PAR JOUR.   757 80 .... 757 80

FRAIS.

36 milliers de bettéraves, à 10 francs le millier...............	360	»
Chevaux pour le service du manège qui fait mouvoir les machines..	25	»

Ouvriers aux chaudières. { 1 sous-chef...... 2 50 / 6 journal. à 1.50. 9 }

—à la râpe et aux presses à cylind... 8 femmes, à 0.60   4 80

—aux presses fortes... 6 hom..., à 1.50   9 »

—à recevoir et approcher les betterav. 6 hom..., à 1.25   7 50

1 surveill. pour le travail de l'extract. du jus..... 2 »   }   34 80

Combustible (4 cordes de bois de 30 pou. de long, à 20 f. ou 16 stèr.) à 5.	80	»
Charbon animal, 360 l., à 10 fr. le 100.	36	»
Eclairage......................	6	»
Usure et entretien des toiles pour les presses et draps pour les filtres....	20	»
Entretien et remplacement des machines et menues dépenses........	24	»

        585 80 .... 585 80

Bénéfice par jour, sur lequel il n'y a plus à prélever que le traitement du directeur, le loyer de l'usine et les intérêts des fonds courans pour faire valoir.. 172 fr.

Les produits peuvent être plus élevés que je ne les ai comptés ici : ainsi, au commencement de l'exploitation, on peut retirer 4 et même 4 et demi de sucre par cent de betteraves ; je crois néanmoins que la proportion de 3 et demi est celle que l'on doit prendre pour base, afin de compenser les détériorations qu'éprouvent plus ou moins sensiblement les betteraves qu'on exploite les dernières. Le sucre brut à 55 fr. les cent livres, et les mélasses à 6 fr., sont comptés aux taux les plus bas auxquels on puisse vendre, les frais de transport, de commission et d'escompte déduits.

Quant aux frais ils sont des relevés exacts de fabrique ; mais, suivant les localités, ils pourront être inférieurs ou supérieurs ; les prix de 1 fr. 50 c. par journée d'homme, de 5 fr. par stère (mètre cube) de bois, seroient trop élevés pour bien des pays, trop foibles pour quelques autres. Le prix de la betterave doit être considérablement réduit, nous en ferons la réduction plus bas.

Soit donc 172 fr. de bénéfice par journée de 36,000 livres de betteraves; si l'on suppose une exploitation annuelle de 2 millions 400 mille livres, il faudra 67 jours de travail.

Le bénéfice total sera de 67 fois 172 fr. ou   11,614 fr. »

Sur quoi il faut prélever les frais généraux suivans :

Traitement du directeur.........	3,000	»
Loyer de l'usine..............	5,000	»
Intérêts pendant 4 mois d'environ 40,000 fr. pour les frais de fabrication, à 2 p. %........	800	»

        8,800 »

BÉNÉFICE NET.............. 2,814 »

Admettant qu'on obtienne la betterave à 6 fr. le millier, ce qui est indubitable, surtout en rendant gratuitement les marcs aux cultivateurs, cette réduction de 4 fr. par millier produira sur 2,400 une économie de........ 9,600 »

Le BÉNÉFICE sera alors de... 12,414 fr. »

tous frais de direction, loyer et intérêts déduits ; et, pour obtenir ce bénéfice, le fabricant n'aura mis en circulation que 30,000 fr.

Si nous établissons sur les mêmes bases le compte d'une fabrication de 1,200 milliers seulement, et en comptant la betterave à 10 fr., le bénéfice total ne sera que moitié de 11,614 fr. que nous avons trouvés plus haut pour 2,400 milliers, c'est-à-dire de 5,807 fr.

Et il devient insuffisant pour couvrir les frais généraux qui, au lieu de 8,800 fr., seront encore au moins de 7,000 francs.

Ces résultats expliquent comment la plupart des sucreries bornées à une exploitation de 1,200 à 1,500 milliers, et où l'on compte la betterave à 10 fr., n'ont pas de bénéfices. Si l'on suppose maintenant qu'elles soient mal montées en ustensiles, qu'elles ne fassent que dix milliers par jour, on verra les frais de main-d'œuvre s'élever, on n'obtiendra pas tout le jus de la betterave par l'imperfection des machines, et dans une fabrication qui traînera quatre mois, on aura à supporter des pertes de betteraves, ou des frais pour les mettre à l'abri de la fermentation et de la gelée. On conçoit qu'une fabrique placée dans ces circonstances, au lieu d'être à profit, devient onéreuse.

Le compte ci-dessus a été établi sur le produit en sucre brut et en mélasse, et non dans la supposition que l'on fasse soi-même le raffinage des sucres et la distillation des mélasses. Si l'on n'est pas trop éloigné des raffineries, on aura plus d'avantages à leur vendre le sucre brut ; le raffinage ne présente qu'un léger bénéfice dont se contentent les raffineurs, parce qu'ils travaillent de grandes quantités, et il se fait par le fabricant de betteraves avec plus de frais et moins de sécurité que dans une grande raffinerie ; là , chaque ouvrier n'est chargé que d'une opération partielle ; il la fait tous les jours , et par conséquent il la conduit plus sûrement que celui qui est obligé de les faire toutes , et qui ne fait chacune d'elles que quatre ou cinq fois l'an. Mais si le pays n'avoit point de raffineries, il faudroit raffiner soi-même : on aura à y gagner, outre les bénéfices du raffineur, les frais qu'il en coûteroit pour lui conduire le sucre brut, et pour en ramener le raffiné. Le raffinage du suc de betteraves se fait d'ailleurs absolument comme celui du sucre de canne.

Ustensiles.

Machines à extraire le jus. — Une râpe pour déchirer la betterave et la réduire en pulpe divisée le plus possible. — Il y en a de plusieurs modèles depuis celles qui râpent par heure 1500 livres de betteraves, jusqu'à celles qui en râpent 8000 livres. Ces dernières sont celles de M. Odobel ; mais elles doivent être mues par une chute d'eau, pour avoir la vitesse convenable.

Des *presses à cylindre.* — Pour donner

une première pression à la pulpe. Elles en extraient de suite 5o de jus pour 100 de pulpe, et exploitent par heure 1200 à 1500 livres de betteraves.

Des *presses fortes*. — Pour soumettre le marc qui a déjà passé entre les cylindres à une nouvelle pression qui retire encore de 18 à 25 de jus pour 100 de betteraves râpées. Les presses à vis de fer sont les plus usitées jusqu'à ce moment.

C'est au fabricant à choisir ces ustensiles, à les avoir en nombre suffisant, et à disposer leur service selon qu'il veut exploiter par jour, 20 ou 30, ou 40 milliers de betteraves.

La râpe et les presses à cylindre doivent être mises en mouvement par un *manége* ou par une *roue hydraulique*; mais dès qu'on sera décidé à monter une sucrerie sur une grande échelle, il sera nécessaire de choisir un bon moteur pour avoir à sa disposition une force constante; c'est ce que l'on ne peut obtenir avec des chevaux qui, ne pouvant avoir toujours le même pas, la même ardeur, la même force, ne produisent que des efforts très-variables et très-limités dans leur intensité. Les frais du manége, qui seroient, d'après les calculs ci-dessus, de 1675 fr. pour 2,400,000 livres de betteraves, de 2512 fr. pour 3,600,000 livres, paieroient seulement pendant les deux à trois mois de râpage le loyer annuel d'une roue à eau. Si on avoit une force suffisante, il seroit avantageux de remplacer les presses fortes par des presses à cylindre qui donneroient une seconde pression. Ces presses fonctionnent continûment, l'extraction du jus y est plus prompte que par les presses à vis ; enfin on auroit une notable économie de main-d'œuvre; si on obtenoit un peu moins de jus, la qualité compenseroit, et au-delà, la petite quantité qu'on laisseroit dans le marc.

Tout le travail pour l'extraction du jus doit se faire dans un étage supérieur, afin que le jus puisse tomber immédiatement dans les chaudières à déféquer, et dans le plus court trajet possible.

On devra disposer aussi des mécaniques pour monter les betteraves près de la râpe, et pour *faire mouvoir une pompe* qui conduira de l'eau dans *un bassin* placé au-dessus de la salle de râpage. Tous les ustensiles exigent la plus grande propreté, et leur lavage demande beaucoup d'eau ; on fera descendre du bassin des tuyaux pour fournir de l'eau à la halle aux chaudières.

Chaudières et autres ustensiles en cuivre.—

Une *chaudière* dite *à déféquer*, de 1^m, 30 de diamètre , et 1 mètre de hauteur.

Trois *chaudières* dites *à évaporer*, chacune de 1^m, 80 de diamètre, et 0^m, 38 de profondeur.

La chaudière à déféquer sera garnie d'un robinet au niveau de son fond , qui sera assez élevé pour qu'en adaptant un tuyau au robinet, le jus aille se rendre dans les chaudières à évaporer.

La seconde chaudière à évaporer aura son fond de 5 cent. seulement plus bas que celui de la première ; elles seront jointes par un tuyau garni d'un robinet pour établir ou intercepter à volonté la communication qu'elles ont entre elles. La troisième aura son bord supérieur au - dessous du fond de la seconde chaudière , de manière à recevoir tout le suc qui en proviendra. Les tuyaux pour vider la seconde et la troisième chaudière seront garnis chacun d'un robinet.

Cet appareil de chaudières ainsi établi, la chaudière à déféquer, emplie à 0^m, 80 de profondeur, et ayant encore ainsi 0^m, 20 de hauteur de bord , pour laisser monter le suc dans l'acte de la défécation, contiendra 1000 litres de jus , résultat d'environ 3000 livres de betteraves.

Le suc déféqué sera envoyé dans les deux premières chaudières à évaporer, et ne les remplira qu'à la profondeur de 0 ^{m}, 21. — Quand il y aura été réduit à moitié, on le fera passer dans la troisième chaudière, où l'on continuera l'évaporation. Chaque chaudière à évaporer sera ainsi occupée trois heures.

Dans cet appareil de chaudières on pourra faire quatre opérations par jour, c'est-à-dire 12 milliers de betteraves. Il faudra donc établir autant d'appareils semblables qu'on voudra exploiter de fois 12 milliers par jour.

Une *caisse à filtrer*, en bois, doublée en cuivre mince, et garnie d'un robinet, ayant dans l'intérieur environ 1 ^{m}, 20 sur 0 ^{m}, 80, et 0 ^{m}, 60 de hauteur. Pour filtrer, on garnit l'intérieur de la caisse d'un drap et d'une toile.

Un *bassin à clairce*, que l'on place au-dessous de la caisse à filtrer, et qui reçoit en dépôt le sirop filtré et clair ; ce bassin peut aussi être une caisse de bois doublée de cuivre mince ; elle auroit dans l'intérieur environ 1 ^{m}, 40 sur 1 ^{m}, 20, et 0 ^{m}, 80 de hauteur.

Une *chaudière à cuire*, en forme de carré long, de 1 ^{m}, 60 sur 0 ^{m}, 80, et de 0 ^{m}, 38 de profondeur : cette chaudière portera un large bec, et sera établie sur un châssis de fer, de manière à basculer sur son bec, et à se vider ainsi rapidement.

Un *rafraîchissoir* en cuivre, de 1^m, 30 de diamètre, et 0^m, 60 de hauteur.

Ces quatre derniers ustensiles suffisent au service de 18,000 livres de betteraves par jour.

Des *paniers à écumes :* ils sont de deux parties ; l'un est un cylindre d'osier, ouvert à ses deux bases, et que l'on place de bout dans un autre panier dont le fond est en bois à claire voie, et dont les bords ont 0^m, 25, de hauteur.

Pour extraire le jus des écumes, on garnit l'intérieur du panier d'un sac de toile, et on verse dedans les écumes provenant, soit de la défécation, soit des lavages.

Pour favoriser l'écoulement du jus, on ferme le sac, et on le charge successivement pour lui donner une pression, soit directement avec des poids, soit par l'intermédiaire d'un levier. La pression finie, on enlève le panier sans fond, qui laisse ainsi les écumes desséchées sur le fond de l'autre panier.

Les *formes* pour faire cristalliser le sucre

et *les pots* qui reçoivent les sirops qui s'en égouttent, forment un chapitre considérable de la dépense. On met le sucre brut dans les formes les plus grandes que l'on nomme *bâtardes*, et qui contiennent ordinairement 50 à 55 livres de sucre cristallisé. Le sucre séjourne cinq à six semaines avant qu'on l'en retire : ainsi la quantité de formes peut être facilement calculée sur celle de betteraves qu'on doit exploiter journellement.

Il y a encore des *tuyaux de conduite*, des *pucheux*, *écumoires*, *bassins à emplir*, *pelles*, *seaux* et autres menus ustensiles dont le détail mèneroit trop loin.

Si l'on vouloit convertir les mélasses en eau-de-vie, il faudroit encore un appareil distillatoire et des tonnes pour faire les fermentations, parce que le jus s'altère aussitôt qu'il est produit. C'est par cette considération qu'il est important de déféquer dans des chaudières de médiocre capacité. Une petite chaudière s'emplissant plus vite, le jus y attend moins long-temps sa défécation ; et, toutes choses égales d'ailleurs, la défécation s'effectue mieux dans une petite masse que dans une grande où la chaux a plus de difficulté à aller saisir tous les acides qui y sont répandus.

On opère cette défécation en projetant dans le jus à la température de 66 à 70° (thermomètre de Réaumur), un lait de chaux qui va se combiner avec les acides. La proportion de chaux *vive* qu'on emploie varie en raison de sa causticité et de la qualité du suc; elle est de 2 à 4 grammes par litre de jus. On éteint la chaux à l'eau chaude; et quand elle est bien réduite en bouillie, on la délaie dans 2 seaux d'eau lorsqu'il s'agit de déféquer 1000 litres de suc. — La chaux étant projetée dans le jus que l'on a soin de bien *brasser*, on continue le feu; la défécation s'opère, les fèces se séparent, se précipitent, la masse se gonfle, l'écume monte, et quand le bouillon perce l'écume, on éteint subitement le feu et on laisse déposer. Si l'opération est bien faite, le jus que l'on puise avec une cuiller dans le bouillon est transparent, les fèces se rassemblent en flocons qui se précipitent au fond de la cuiller : après un peu de repos les écumes sont *sèches*, le liquide est limpide, les fèces sont précipitées au fond de la chaudière. Cette opération est la plus importante de toute la manipulation; s'il y a trop ou trop peu de chaux les opérations subséquentes se font mal.

Dans quelques localités, cette défécation s'opère sans qu'il reste de chaux dans le jus; il paroît que dans d'autres il faut un excès de chaux pour déterminer la précipitation des fèces. Dans ce dernier cas, on sature cet excès de chaux avec de l'acide sulfurique étendu d'eau.

Pour que la défécation soit complète, il faut que le liquide soit parfaitement clair : s'il est louche, c'est qu'il n'y a pas une proportion suffisante de chaux, ou qu'on l'a projetée dans le jus avant qu'il fût arrivé à 66° de température, ou quelquefois (surtout dans de grandes chaudières) parce qu'on n'a pas assez brassé le liquide. — Si la défécation n'est pas complète, on projette de nouveau de la chaux dans une proportion que l'on déterminera d'après l'action qu'aura produite la première chaux. — Quand il y a un excès de chaux, le liquide est limpide, mais d'une teinte rouge.

Après ¾ d'heures, temps suffisant pour que les écumes se soient desséchées et que les fèces soient entièrement précipitées, on enlève avec soin les écumes au moyen d'une écumoire, et en tournant un robinet on fait passer le suc clair dans les chaudières à évaporer (1). Les

____

(1) On a garni à l'avance la chaudière à déféquer, dans son intérieur, d'un *coude* ⌐ dont on introduit une branche dans le tuyau par lequel elle se vide, et dont l'autre branche, assez longue pour que son extrémité supérieure soit au-dessus du dépôt qui s'est précipité par la défécation, est

9*

fèces qui restent au fond de la chaudière en sont enlevées ensuite et portées avec les écumes dans le *panier aux écumes*, d'où on en exprime le jus, comme il a été dit ci-dessus.

Evaporation. — Le suc déféqué réparti dans les deux premières chaudières évaporatoires, est aussitôt mis en ébullition et mené toujours à grand feu. Quand il est réduit à moitié du volume qu'il occupoit d'abord, on le passe dans la 3e chaudière évaporatoire où on achève de l'amener à 22 ou 24° de l'aéromètre de Baumé. Pendant cette évaporation, on y met du charbon animal dans la proportion de ½ à 2 pour cent du poids du liquide déféqué. On verse ce charbon à 3 reprises, un tiers quand le suc entre en ébullition, un tiers quand il est rapproché de 8 à 10°, le dernier quand il est à 15°.

L'action principale du charbon animal est de précipiter les matières colorantes qui, par la concentration du sirop, forment une matière

fermée par un tampon. Quand on veut soutirer le liquide clair, on enlève ce tampon à l'aide d'une corde, et de cette façon le dépôt, qui se trouve au dessous de l'ouverture, reste au fond de la chaudière. En inclinant graduellement ce coude, et toujours de manière que son ouverture soit au dessus du dépôt, on soutire tout ce qu'il y a de clair.

Pour avoir les écumes, on enlève le coude et le tuyau qui communique de la chaudière à déféquer avec celle à évaporer.

visqueuse et poisseuse qui s'attache au fond de la chaudière, y brûle et empêche la cuite du sirop. Aussi la proportion du charbon animal varie en raison de la couleur des betteraves, et c'est par cette raison qu'il faut éviter les rouges. — Ce charbon employé à doses plus fortes, sert aussi à rétablir des sucs viciés, en précipitant, soit de l'extractif, soit de la chaux qu'on auroit mis en excès dans la défécation.

Il arrive quelquefois que le jus se boursoufle, qu'il faut le battre pour le contenir dans la chaudière; c'est une preuve que la défécation est incomplète. Ce phénomène se présenteroit encore si l'on ne soumettoit pas de suite à l'évaporation les jus déféqués, ou ceux qui se sont égouttés des écumes, qui tous s'altèrent fort rapidement.

Filtrage. — Quand le jus est concentré à 22 ou 24°, on arrête le feu et l'on jette dans la chaudière environ 5 litres de lait écrémé étendus dans un seau d'eau, pour le résultat de 1000 litres de jus déféqué. Le charbon qui étoit en suspension dans tout le liquide s'en sépare aussitôt et se dépose. Au lieu de laisser décanter pour vider plus tôt la chaudière et en même temps pour plus de sécurité, on fait passer aussitôt le suc dans un filtre

de drap et de toile, en ayant soin d'y re-
mettre les premiers seaux qui en sortent, et
qui ordinairement ne sont pas clairs. Le
sirop clair est reçu dans le *bassin à clairce*.

Détails de la fabrication.

Variété de betteraves à préférer. — Il y a
7 ou 8 variétés de betteraves toutes propres
à donner du sucre, mais en plus ou moins
grande proportion, avec plus ou moins de
facilité. La variété qui paroît mériter la préférence est la betterave blanche, originaire
de Silésie. A poids égal, elle contient moins
de jus que les autres, et par cela même elle est
d'une constitution plus robuste. Dans sa végé-
tation, elle résiste mieux à la chaleur et à la sé-
cheresse ; les meurtrissures qu'elle reçoit dans
le transport ne font pas plaie sur elle comme
sur la jaune; emmagasinée, elle est beaucoup
moins susceptible de fermenter, de pourrir,
ou de geler. Si elle contient moins de jus
que la jaune, il est d'une qualité supérieure, et à poids égal de betteraves brutes,
les blanches donnent plus de sucre que les
autres. Le sucre est aussi d'une plus belle
qualité, le jus de cette variété contenant
moins de matière colorante.

Conservation des betteraves. — Conserver

les betteraves, c'est les garantir en même temps contre le froid et contre la fermentation qui se produit dans tous les fruits que l'on rassemble en masse. Le principe est de n'en former que de petits volumes ; en grande masse, la chaleur qu'elles dégagent et l'eau qu'elles laissent échapper quand elles *suent*, déterminent bientôt la fermentation. On ne peut emmagasiner les betteraves dans les bâtimens, que lorsqu'il s'agit de petites quantités, car il faut de très-vastes espaces : les tas ne doivent contenir que 7 à 9 milliers ; il faut beaucoup d'air pour établir des courans qui emportent les vapeurs qui s'exhalent de ces racines, encore ce mode a-t-il l'inconvénient de dessécher les betteraves (1).

Le meilleur mode, et qui peut s'employer, quelle que soit la quantité de betteraves, est de les enterrer autour de la sucrerie dans des fosses de 3 pieds de large sur 3 pieds de pro-

---

(1) Les betteraves desséchées contiennent beaucoup moins de jus ; à la vérité, il est plus riche ; mais, les moyens mécaniques laissant toujours du jus dans le marc, cette proportion de jus perdu est d'autant plus grande que le jus est moins liquide ; ainsi, dans le marc de la betterave desséchée, il reste plus de jus, et ce jus est plus riche ; il y a donc une plus grande perte. En outre, le râpage est beaucoup moins parfait, la râpe éprouvant bien plus de difficultés à déchirer la betterave desséchée.

fondeur. Quinze à 18 pouces de terre suffisent
pour les garantir de la gelée, et la terre qui
les enveloppe de tous côtés absorbe la chaleur
et l'eau qui s'en dégagent; elles y conservent
néanmoins leur fraîcheur et ne se dessèchent
point.

On voit que ce n'est pas une petite dépense
de faire ces fosses, d'y enterrer les betteraves,
de les retirer de là et de les porter à la râpe.
Aussi on ne prendra ces précautions de conservation que pour les betteraves qui doivent
passer l'hiver. La fabrication peut commencer
au 15 septembre, et l'on se contentera pour
celles qui doivent être consommées depuis
cette époque jusqu'à l'arrivée du froid, de les
mettre en tas dans les champs. On forme ces
tas en pyramides de 9 pieds de base et 4 pieds
de hauteur, qui contiendront de 7 à 9 milliers.
On les revêt, lorsque les gelées blanches sont
à craindre, d'un peu de paille et d'une
couche de terre; on tire au fur et à mesure
les betteraves, pour les conduire directement
à la râpe.

Il suffit de couper le collet et de débarrasser
grossièrement de la terre qui y est adhérente les
betteraves que l'on veut conserver; mais avant
de les râper il faut en enlever les radicules
et nettoyer les racines avec soin. On donne ce
travail à faire à la tâche, et à des femmes.

Quand on a de l'eau à sa disposition, on peut laver ; le nettoyage est alors moins parfait, la betterave contient encore ses radicules en filamens et la portion du collet sur laquelle étoient implantées les feuilles, toutes parties qui ne donnent pas de jus et embarrassent le râpage ; cependant avec une bonne râpe on en vient à bout, et on gagne au lavage une économie de main-d'œuvre et de matière, parce que dans le ratissage, les ouvrières pour avancer davantage, coupent souvent des racines assez grosses qui donneroient du jus.

Dans la supposition d'une fabrique alimentée de betteraves par les cultivateurs voisins, le fabricant laissera à ces cultivateurs le soin de conserver celles qu'ils lui fourniront; il réglera les époques de leurs livraisons d'après sa consommation journalière, et il exigera qu'on les lui rende nettoyées, prêtes à passer sous la râpe, autrement il s'exposeroit à payer de la terre pour de la betterave. Les soins de conservation, qui seroient d'un grand embarras pour le fabricant, étant répartis entre tous les fournisseurs, sont peu gênans et peu dispendieux pour chacun d'eux.

Extraction du jus. — La betterave présentée à la râpe en sort déchirée, réduite en parties

très-déliées, et tombe dans une maye placée
au-dessous.

La pulpe est aussitôt placée sur la toile
sans fin d'une presse à cylindre qui, pressant
d'un mouvement continu entre les deux
cylindres, éprouve dans ce passage une pression qui sépare de suite 50 de jus pour 100 de
pulpe. Ce jus tombe dans une cuvette qui le
transmet à la chaudière à déféquer.

Le marc, à mesure qu'il a passé entre les
cylindres, est détaché de la toile et repris
aussitôt pour être mis dans des sacs que l'on
place sous la presse forte; là, il reçoit une
seconde pression et donne encore 18 à 25 de
jus par 100 de betteraves râpées.

Défécation. — Le jus, à mesure qu'il s'é-
coule du marc, passe dans la chaudière où il
est chauffé et soumis à la première opération
qu'on appelle défécation. Il est important que
cette opération ait lieu le plus promptement
possible.

Le sirop que l'on appelle alors clairce est
pris dans le bassin aussitôt que possible et
mis dans la chaudière à cuire où on le con-
centre jusqu'à degré de *cuite*. Si la défécation
a été complète, s'il n'est point resté d'excès
de chaux en dissolution dans le jus, si la pro-

portion de noir a été suffisante, la cuite se fait aussi facilement que la première évaporation ; on peut la mener à grand feu, il ne se forme que peu d'écumes et seulement sur les bords de la chaudière (on a soin de les enlever soigneusement) ; lorsque le sirop *entre en cuite*, il bout *sec*, avec bruit ; s'il se boursoufle, on le fait retomber en y jetant un petit morceau de beurre.

Quand les premières opérations ont été mal faites, le sirop, au lieu de bouillir sec, se boursoufle constamment et s'enlève tout en écumes. Alors on est obligé d'aller à petit feu, et malgré toutes les précautions, le sirop brûle souvent lorsqu'il entre en cuite.

Pour faire apprécier de quelle importance il est de faire passer le plus promptement possible le suc des betteraves par tous les traitemens qu'il doit subir, nous allons exposer les altérations que le *temps* lui fait éprouver.

Le suc, immédiatement après qu'il est exprimé de la betterave, est opaque ; mais de la teinte des betteraves dont il a été extrait, s'il n'est pas déféqué de suite, cette couleur passe au brun sale, et ensuite le jus restant opaque, devient d'une consistance filante et glaireuse comme du blanc d'œuf. Cette substance visqueuse est insoluble dans l'eau, dans l'alcool, dans le vinaigre ; soumise, quand elle est à son plus grand état d'épaississement, à l'action de la chaleur, elle ne prend pas plus de liquidité, elle conserve son caractère filant, se bour-soufle beaucoup, et par une évaporation conduite avec beaucoup de ménagement, elle se convertit en une masse ferme, et élastique.

Le jus de la betterave s'altère donc spontanément par son exposition à l'air; bien plus, cette altération peut s'opérer même avant qu'il soit exprimé des betteraves, lorsqu'elles sont pourries, ou dégelées; car alors le jus est visqueux aussitôt qu'il est produit.

Si on abandonne pendant vingt-quatre heures une portion de jus déféqué, même une portion de sirop concentré à 22°, et qui a passé par tous les traitemens, celui de la chaux, celui du charbon animal, qui a été clarifié et filtré, ce sirop, sans avoir perdu de sa transparence, devient gras et filant; quand on le verse dans la chaudière à cuire, il forme une grande quantité d'écumes blanches, et lorsqu'il reçoit l'action de la chaleur, il s'enlève tout en écumes, se boursoufle, s'attache aux parois de la chaudière et brûle.

Une autre portion de ce sirop qui n'aura point attendu, se cuira avec la plus grande facilité. — On rétablit plus ou moins, mais jamais complètement la qualité de ce sirop avarié, en le traitant par une nouvelle dose de charbon animal, le clarifiant, et le filtrant avant de le cuire.

Ces observations font sentir en même temps la nécessité de conduire promptement le suc de betteraves jusqu'à sa conversion en sucre, et celle d'entretenir les ustensiles dans la plus grande propreté, afin que du jus ou des sirops vieux ne viennent pas donner naissance à des circonstances si fâcheuses.

Il y a plusieurs moyens de reconnoître le degré *de cuite* : voici les deux plus faciles.

1°. La *preuve au boulet* : On trempe dans le sirop bouillant le doigt majeur humecté d'eau et l'on replonge aussitôt ce doigt enveloppé du sirop qui s'y est attaché, dans de l'eau froide, à une température constante ; si on approche du degré de cuite, avec le premier et le troisième doigt et le pouce, on peut rassembler le sirop qui entoure le doigt majeur ; s'il n'est pas assez concentré, il se dissout dans l'eau et l'on ne peut rien saisir ; enfin, s'il est cuit, ce sirop ainsi refroidi est assez consistant pour former une petite boule.

— 2°. *La preuve au filet* : On trempe l'écumoire dans le sirop, on enlève dessus avec le pouce un peu de ce sirop, on le roule entre l'index et le pouce, et, écartant l'index du pouce, on a un filet qui fait juger du degré de concentration. Quand on étend ce filet, qu'il casse par un mouvement du pouce, qu'il remonte lentement vers l'index et forme un crochet, c'est qu'il est cuit.

Le degré de cuite est fort intéressant; si le sirop n'est pas assez concentré, il n'y a qu'une portion des cristaux qui se forment; s'il l'est trop, les cristaux sont petits, rapprochés, et la mélasse ne peut s'en détacher.

Aussitôt que le sirop est au degré de cuite, on le verse dans le rafraîchissoir; ordinairement il est rempli par quatre à cinq cuites. Quand on y verse la dernière, il y a déjà des cristaux formés au fond et sur les parois du rafraîchissoir; avec un mouveron on mélange tout le sirop de manière que la masse soit homogène le plus possible, et l'on *emplit*.

Empli. — Les formes *bâtardes* qui ont trempé à l'avance dans l'eau et qui ont été parfaitement rincées, *sont plantées* sur leur sommet de manière que leurs bases soient bien horizontales. Il est bien entendu qu'on a eu soin de boucher avec un tampon de toile le trou qui est à leur sommet, et de manière que l'on puisse retirer extérieurement ce tampon. On emplit ces bâtardes avec le sirop du rafraîchissoir, en ayant attention de répartir également

dans toutes, le haut et le fond du rafraîchissoir; car, quoi qu'on *trouve*, le fond tient
toujours plus de cristaux. A mesure que le
sucre refroidit dans les formes, il se prend en
cristaux et forme une masse solide : ordinairement au bout de vingt-quatre heures, la cristallisation est complète; on retire le tampon
de linge qui fermoit le sommet de la forme,
on la met sur son pot dans lequel tombe la
mélasse qui s'égoutte.

Purgerie. — Le lieu où l'on met le sucre à
égoutter se nomme purgerie; il doit toujours
être maintenu à une température de 15 à 22°,
pour que la mélasse puisse s'écouler. En mettant les formes sur leur pot, on les *prime*,
c'est-à-dire, on enfonce par l'ouverture du
sommet une espèce de poinçon en bois ou en
fer à 6 ou 8 pouces de profondeur. Il forme
dans l'intérieur du pain un canal qui favorise l'écoulement de la mélasse.

Ordinairement, cinq à six semaines après
avoir été emplis, les sucres sont suffisamment
purgés de mélasse; alors on peut les *locher*
(retirer de la forme), et on enlève à chaque
pain la portion de sa *tête* qui garde encore de
la mélasse, qui, si elle n'étoit pas séparée, ren-
treroit dans le reste du pain qui est déjà sec.

Pour accélérer la purge des sucres, on peut

le lessiver en versant sur chaque forme de la clairce à 27 ou 30° de l'aéromètre, et renouvelant trois fois ce lessivage, de deux jours en deux jours.

A moins que le sucre n'ait été cuit *serré*, ou qu'il n'ait été obtenu que difficilement, les mélasses ou sirops qui s'en égouttent peuvent être recuites. En les clarifiant au noir et les filtrant avant de les cuire, on obtient des sucres, moins beaux que ceux de première cuite : leur poids s'élève au huitième de celui des premiers.

Lorsqu'on a des sucres gras et poisseux, chargés de mélasses, comme les têtes de pains et ce qui provient de betteraves avariées ou de sucs mal traités, on les *verpunte*, c'est-à-dire, on les met dans la chaudière à cuire avec un seau d'eau de chaux limpide pour 9 betteraves, et quand la dissolution est chauffée à 75°, on la retire de la chaudière et on en emplit des formes. Dans la nouvelle cristallisation, les cristaux sont gros, séparés les uns des autres, la mélasse s'en écoule facilement.

Écumes. — Chaque jour, quand on a fini de cuire, on *fait les écumes*. Pour cela, on jette de l'eau dans la chaudière à cuire, on la fait chauffer et on y lave les draps et toiles qui ont servi à filtrer ; on y délaie ensuite les écumes retirées de la cuite ; on met de l'eau jusqu'à ce que le mélange pèse environ 8° de l'aéromètre , ou on y emploie de préférence le suc provenant de la pression des écumes de la défécation ; on chauffe jusqu'à 60 à 70° de température , on met le tout dans un sac de toile et on le traite comme les écumes de défécation.

Fermentation et distillation des mélasses. — Lorsque les mélasses provenant soit du sucre brut, soit du raffinage, ne contiennent plus de sucre cristallisable , on les fait fermenter , et par la distillation on les convertit en eau-de-vie.

Dans les deux ouvrages les plus connus qui aient traité de ce sujet, les produits de la distillation sont très - différens les uns des autres : dans l'un il est dit que 100 kilogrammes de mélasse produisent 56 litres d'eau-de-vie à 19° ; dans l'autre on en obtient seulement 25 à 22°, ou 29 litres à 19°.

Je donnerai les procédés de fermentation tels que je les ai vu suivre dans une sucrerie, et dont les résultats se rapprochent beaucoup des premiers ; on y obtient 50 litres à 19° de 100 kilogrammes de mélasse. Les vaisseaux dans lesquels on fait les fermentations, contiennent seulement 600 litres ; ils sont beaucoup moins favorables que des cuviers qui auroient cinq ou six fois plus de capacité.

Voici comment on procède à la fermentation.

On met d'abord dans la tonne ou cuvier 100 kilogrammes de mélasse, et l'on y ajoute successivement de l'eau chaude que l'on mélange bien avec la mélasse au fur et à mesure qu'on la verse. Lorsque la tonne est ainsi remplie, à peu près au quart de sa profondeur, et que la température est de 28° environ, on y jette le levain qui a été préparé à l'avance, comme il va être expliqué, et on a le soin de le mettre par parties et de le bien diviser dans tout le liquide : puis on achève de remplir la tonne avec de l'eau chaude et de l'eau froide, en brassant souvent, pour rendre le mélange homogène ; on fait attention de mettre l'eau chaude et l'eau froide en proportion convenable pour que le mélange conserve la température de 26 à 28°, et pèse à l'aéromètre 6° ½ à 7°.

Le *levain* est préparé cinq à six heures avant d'être employé ; on le forme avec un décalitre de farine, moitié de seigle et moitié d'orge malté, que l'on pétrit avec une portion de levain réservée de la veille ; on délaie la farine et l'ancien levain dans un mélange d'eau et de mélasse à 28° du thermomètre, de manière à en former une bouillie assez épaisse; on place le baquet qui la contient auprès du poêle : bientôt le levain monte à pleins bords; quand il commence à s'affaisser, il est bon à employer.

On le délaie alors dans un grand baquet avec une portion du mélange qui est dans la tonne apprêtée à le recevoir, et on l'y jette comme il a été dit ci-dessus. — On a eu soin d'en retirer environ un dixième pour servir de ferment au levain du lendemain.

La chambre où sont placées les tonnes garnies avec les précautions indiquées, est maintenue à la température de 22 à 24°. — En cinq jours la fermentation doit être achevée.

On reconnoît qu'une fermentation tire à sa fin lorsque le liquide ne bout plus, lorsque les écumes qui étoient montées à la surface tendent à se précipiter au fond. Quand la fermentation est bonne, l'aéromètre marque 2° à peu près; et elle est d'autant meilleure, qu'il est plus près d'effleurer o.

Aussitôt que la fermentation vineuse a cessé, la fermentation acide commence; il faut donc distiller de suite, ou si on ne le peut, soutirer le liquide de la tonne pour l'enlever de dessus le ferment.

Il faut avoir la plus grande attention, dès

qu'une tonne est vidée, d'en enlever tout le levain et la lie par un bon lavage, afin de ne pas laisser sur ses parois un principe acide qui contrarieroit la fermentation.

SUPPLÉMENT.

L'auteur, resserré dans des limites trop
étroites, n'a pu traiter les accidens que présentent les cuves, ni indiquer les moyens d'y
remédier. Nous y suppléerons par un extrait
du Mémoire que M. Pavie a publié dans les
Mémoires de l'Académie de Rouen.

« On ne peut, dit ce savant, déterminer la
quantité de chaux en raison de la quantité
d'indigo, ni même de la quantité d'isatis ou
de vouède que l'on emploie. Cette quantité
est subordonnée au degré de fermentation
qui s'établit naturellement dans la cuve. Or,
ce degré dépend de la quantité et de la qualité des matières qui la produisent ; il dépend
encore de l'état de l'atmosphère, du plus ou
du moins de chaleur du bain, du refroidissement plus ou moins grand et plus ou moins
prompt, de la quantité et de la qualité des
étoffes à teindre.

» Presque tous les teinturiers sont dans

l'usage de regarder le sens de l'odorat comme le seul guide auquel on doit s'en rapporter pour administrer la chaux ; mais, ne sait-on pas que la sensibilité de cet organe varie suivant les individus, et que d'ailleurs la moindre indisposition dont il seroit affecté pourroit occasionner des erreurs capitales, et exposer le teinturier à de très-grandes pertes ?

» Je crois devoir consigner ici quelques observations qui me sont propres, et au moyen desquelles il sera facile de reconnoître le véritable état d'une cuve, et par conséquent de quelle manière il convient de lui administrer la chaux.

» Lorsque dans les premiers jours de réchaud une cuve présente à l'œil un bain de couleur olive jaunâtre, que les veines bleues qui sont à sa surface sont très-multipliées et très-prolongées, qu'elles se tiennent toutes les unes aux autres, et qu'elles sont recouvertes d'une pellicule rougeâtre gorge de pigeon, qu'en soufflant sur le bain les veines se rompent et se partagent en cet endroit, qu'elles se réunissent avec la même rapidité qu'elles ont été séparées, qu'elles forment à l'endroit de leur réunion un point bleu en forme de nœud, que la fleurée est bien réunie et d'une couleur bleu cuivré violet, qu'elle imite la forme de plusieurs grappes de raisin entassées les unes sur les autres, qu'en *clapotant* le bain avec un petit bâton les cloches qui se forment à sa surface restent quelques momens sans s'affaisser, qu'une goutte de bain déposée sur le revers de la main paroît à l'instant d'un vert très-vif, qui vire d'abord en vert très-foncé, puis en bleu noir, et qu'une nuance de ce bleu reste imprimée sur l'épiderme, que le pied de couleur olive jaunâtre, exposé à l'air, devient vert bleuâtre : tous ces indices sont des signes certains que la cuve est dans le meilleur état possible, et il faut alors la nourrir avec beaucoup de modération.

» Si au contraire on n'aperçoit pas la pellicule rougeâtre gorge de pigeon ; si les veines sont plus abondantes et plus larges en certains endroits que dans d'autres ; si en soufflant dessus elles ne se réunissent que très-lentement, ou même qu'elles ne se réunissent point ; si la fleurée n'est pas bien réunie et si elle est affaissée ; si, en clapotant le bain avec un petit bâton, les cloches qui se forment crèvent très-rapidement ; si une goutte de bain déposée sur le revers de la main paroît d'un vert olive jaunâtre virant d'abord en vert bouteille, puis en bleu ; si une teinte de cette couleur s'imprime foiblement sur l'épiderme ; si le pied exposé à l'air devient vert-bouteille, tous ces caractères sont autant de preuves que la cuve est très-douce en goût , et qu'elle a grand besoin de nourriture, c'est-à-dire de chaux.

» L'observateur pourra remarquer un phénomène singulier en administrant la chaux aux cuves dont on vient de parler. Dans le premier cas, celui où la cuve est en bon état, la chaux restera quelques instans à la surface du bain, comme si la cuve refusoit de la recevoir; dans le deuxième cas, la cuve s'emparera de la chaux avec une rapidité étonnante, au point que les premier et deuxième tranchoirs de chaux disparoîtront à l'instant.

» En palliant une cuve à laquelle on donne de la chaux, on reconnoîtra si elle est suffisamment pourvue, à une pellicule gazeuse de couleur grisâtre, qui nage comme un corps gras à la surface du bain, malgré le mouvement occasionné par ce palliage. Dans ce cas, il faut suspendre toute nourriture, et, si on l'aperçoit encore au palliage suivant, continuer la diète; sans quoi on s'exposeroit à mettre la cuve hors de travail, en empêchant la fermentation de naître. On reconnoît ce même état de la cuve à l'odorat, lorsque l'odeur ammoniacale, dont il a été parlé précédemment, se fait sentir jusque dans la gorge.

» Les cuves au pastel ou au vouède sont exposées à trois maladies différentes. Elles peuvent être, 1° *rebutées*, 2° *coulées* ou *décom-posées*, 3° attaquées du *vert brisé*. »

Cuve rebutée.

« On reconnoît qu'une cuve est rebutée lorsque, le lendemain du réchaud, le vert et la pâtée paroissent de couleur olive vert-brunâtre ; que les veines de la surface du bain sont très-minces, quoique la fleurée soit abondante ; qu'en heurtant la cuve avec le râble, les bulles d'air qui paroissent à la surface restent long-temps sans s'affaisser ; que l'odeur est âcre ; qu'au toucher, le bain paroît légèrement rude entre les doigts. Une cuve qui offre ces apparences est foiblement rebutée, c'est-à-dire un peu trop garnie de chaux. Il faut supprimer la nourriture au palliage, et laisser la cuve sept à huit heures en repos et quelquefois davantage pour donner le temps à la fermentation de se rétablir. Si au contraire on la pallioit, de trois heures en trois heures, comme cela se pratique lorsque les cuves sont en bon état, elle pourroit rester plusieurs jours sans se rétablir ; ce qui prouve que les cuves ne peuvent être palliées qu'à propos.

» Mais lorsque, le lendemain du réchaud, le bain ne présente aucune nuance de couleur déterminée ; qu'une goutte placée entre l'œil

et la lumière paroît claire comme de l'eau ;
que le pied de couleur brune rougeâtre ne
varie point par son exposition au contact de
l'air, et qu'il n'a aucune odeur déterminée ;
qu'au toucher le bain et le pied sont rudes ;
qu'en heurtant la cuve les bulles d'air qui
viennent à la surface sont d'un blanc grisâtre
et font entendre un sifflement ; qu'on n'aperçoit ni veines bleues ni fleurées, on peut alors
être certain que la cuve est tout-à-fait rebutée.

» Une cuve en cet état a quelquefois fait
prendre le change à des teinturiers qui les ont
traitées comme des cuves *décomposées*, parce
qu'ils se persuadent que le mal ne peut venir
que de la trop grande quantité absolue de
chaux qui a été administrée à la cuve, tandis
qu'un tranchoir de chaux devient quelquefois
une quantité relative considérable.

» On emploie divers moyens pour rétablir
une cuve rebutée : je me bornerai à en citer
un qui me paroît mériter attention, et sur
lequel je me permettrai quelques réflexions.

» On met un boisseau de son dans un sac,
auquel on attache un poids de douze livres
pour le forcer à descendre sur la pâtée ; on le
laisse dans la cuve depuis six jusqu'à douze
heures, plus ou moins, à raison de l'état de la
cuve. Au moment où le son s'élève de lui-
même à la surface du bain, malgré le poids

de douze livres qui tend à le retenir au fond, la personne qui surveille ce mouvement s'en saisit aussitôt et le tire promptement hors de la cuve. Par ce moyen on perd beaucoup de bain, qui est chargé d'une assez grande quantité de substance colorante. Le motif qui détermine à suivre cette pratique, c'est qu'on se persuade que le sac, descendu au fond de la cuve, a dû s'emparer de la surabondance de chaux qu'elle contenoit.

» On appuie cette opinion sur ce qu'on aperçoit une couleur blanchâtre qui s'échappe du sac lorsqu'on le retire du bain, et sur ce qu'il exhale une odeur forte et désagréable.

» On croit aussi que si on ne saisissoit pas le sac à l'instant où il monte à la surface, il restitueroit, en redescendant, toute la chaux dont on croit qu'il a dû se charger.

» Je suis loin de partager cette opinion. Pour me rendre compte de cette opération et en examiner les effets, j'ai mis chez moi une cuve à l'état de cuve tout-à-fait rebutée; au bout de neuf heures quinze minutes, le sac de son a remonté à la surface du bain, où il a plané sept minutes avant de descendre. Quarante-cinq minutes après, il s'est élevé de nouveau et n'a plané que quatre minutes. En redescendant la seconde fois, il fit monter à la surface du bain des bulles d'air qui étoient de couleur bleu-ciel assez vif, ce qui annonçoit qu'il avoit produit un bon effet, et que la cuve avoit besoin non seulement d'être palliée, mais même de nourriture ; cependant je n'en donnai point, parce que, pour s'instruire, il faut quelquefois savoir faire des sacrifices. Il étoit alors onze heures de nuit ; je laissai le sac dans la cuve jusqu'au lendemain cinq heures du matin. Je le trouvai alors à la surface du bain, où il avoit entraîné avec lui une quantité considérable de pâtée ; si je l'eusse laissé encore quelques instans, la cuve auroit été complétement *décomposée* ou *coulée*.

» D'après cette expérience, il est facile d'apprécier l'effet que produit le sac de son dans une cuve tout-à-fait rebutée.

» Le son, susceptible de fermentation, devient, à l'aide de la chaleur, un principe de fermentation pour l'isatis. De cette fermentation combinée, ou peut-être de la fermentation du son seul, résulte la formation de l'acide acétique ou vinaigre. La chaux excédente, saturée par cet acide, ne s'oppose plus à la fermentation, qui se rétablit alors avec activité, et détermine dans la masse de liqueur un mouvement suffisant pour porter la liqueur de bas en haut et la soutenir pendant quelques minutes à la surface.

» L'odeur putride du sac après la fermentation du son est la même que celle des eaux sûres des amidonniers et s'explique par les mêmes principes.

» Le degré de fermentation déterminé par l'effet du son est quelquefois si violent, que, si on ne le modéroit pas par l'action de la chaux, la fermentation changeroit bientôt de nature et deviendroit une véritable fermentation putride, qui entraîneroit la perte totale de la cuve.

» Les symptômes pour reconnoître une cuve rebutée pendant qu'elle travaille, c'est-à-dire après quelques jours de réchaud, ne sont pas les mêmes que pour une cuve simplement rebutée. Le bain et le pied se présentent sous des formes bien différentes. Dans le premier cas, le bain et la pâtée paroissent d'une couleur olive-jaune-rougeâtre, et dans le second, d'une couleur olive-vert-brunâtre. Les veines, dans l'un et l'autre cas, sont très-minces; en soufflant dessus pour les diviser elles ne se réunissent pas, ou du moins très-lentement; le bain, placé entre l'œil et la lumière, ne donne qu'une très-légère nuance d'olive-clair et terne; le pied, exposé à l'air, varie très-peu; le toucher du bain et du pied est rude; l'odeur est âcre, d'où l'on doit conclure que la fermentation n'a pas lieu.

» Les circonstances obligent quelquefois de travailler sur ces cuves. Outre qu'on n'obtient que des bleus ternes et peu tranchés, on aggrave le mal en ajoutant à la maladie de la cuve *rebutée*, celle du *vert brisé* : à chaque opération les cuves déclinent tellement, qu'en moins de vingt-quatre heures elles ne produisent aucune nuance de couleur. »

Cuve coulée ou *décomposée*.

« La cuve coulée après quelques jours de réchaud est fort facile à reconnoître par son odeur putride. Elle arrive par degrés à l'état de décomposition, et on s'en aperçoit lorsque le bain et le pied paroissent de couleur d'argile rougeâtre, et qu'exposés à l'air ils virent au vert jaunâtre. Le bain est doux au toucher et le pied mollasse ; les veines sont très-larges, en soufflant dessus elles se divisent et se réunissent très-lentement ; l'odeur est douce et fade : il est alors indispensable de la réchauffer et de lui administrer deux tranchoirs de chaux.

» Si, au lieu de la réchauffer, on la fait travailler, on sera surpris de voir que cette cuve, en état de maladie, fasse des nuances plus foncées et plus brillantes que précédemment ; mais elles seront moins solides ; ce qui me fait présumer que, par une fermentation forcée, la cuve tiendroit en suspension une plus grande quantité d'indigo.

» Après l'avoir fait travailler, on la trouvera bientôt totalement décomposée, et, en très-peu de temps, en putréfaction complète, exhalant une odeur fétide très-désagréable; ce qui a fait dire à divers auteurs qui ont traité ce sujet, qu'il falloit s'empresser de les jeter à la rivière. A la vérité, en examinant soigneusement le pied et le bain de ces cuves, quelle que soit la quantité d'indigo qu'elles contiennent, il est impossible d'en reconnoître un atome. Cependant, en les traitant comme il vient d'être dit, on n'en perd pas la moindre partie; l'expérience me l'a toujours démontré. Plusieurs fois j'ai été appelé à Lisieux, à Louviers et à Rouen, pour rétablir des cuves coulées, et toujours la méthode que j'indique m'a parfaitement réussi. Il y a cependant une chose très-essentielle à observer en administrant la chaux à une cuve en état de décomposition; c'est de ne pas passer d'une extrémité à l'autre : l'excès de chaux dans une cuve arrêtant la fermentation, en donner une trop grande quantité, ce seroit accumuler les accidens les uns sur les autres. »

Vert brisé.

« Cette maladie des cuves est peu connue des teinturiers, dont plusieurs ne fixent leur attention que sur la cuve *rebutée* ou *coulée*. Aussi, lorsqu'ils rencontrent le *vert brisé*, sont-ils fort embarrassés. Administrera-t-on de la nourriture, ou fera-t-on faire diète? Quel que soit le parti qu'on prenne, on s'expose à rebuter la cuve ou à la décomposer.

» Le vert brisé est produit par plusieurs causes : 1° lorsqu'on emploie du vouède ou pastel qui a trop fermenté dans sa préparation, ou du vouède de seconde coupe récolté avec fermentation ; 2° lorsqu'on fait travailler une cuve qui n'étoit pas en état, ou qu'on la fait travailler trop long-temps ou trop souvent, quoiqu'en bon état ; 3° lorsqu'on la laisse manquer de nourriture, et qu'on lui en administre ensuite trop abondamment.

» Tous ces moyens tendent à troubler le mouvement de fermentation convenable à ces sortes de cuves.

» On reconnoît cet état de la cuve aux symptômes suivans : Le bain et le pied de couleur olive-vert-rembruni, étant exposés à l'air, ne varient pas de nuance ; il y a très-peu ou point de fleurée ; les veines sont presque imperceptibles ; le toucher n'est ni rude, ni doux ; il n'y a point d'odeur déterminée ; en heurtant la cuve, les bulles d'air sont de couleur grisâtre, et les marchandises que l'on teint sortent de nuance bleu-grisâtre très-terne. Aussitôt qu'on aperçoit quelques uns de ces symptômes, il faut réchauffer la cuve sans lui donner de chaux : on pourra seulement lui donner quelques livres d'isatis récolté sans fermentation, et, en moins de douze heures, la fermentation sera complètement rétablie.

» D'après ce qui vient d'être dit, il est facile de se convaincre que la moindre interruption dans le mouvement de fermentation, quelle qu'en soit la cause, met la cuve en danger.

» Pour prévenir tous ces accidens, il est un moyen bien simple, c'est de faire usage d'isatis ou vouède récolté sans fermentation.

» Une cuve montée de cette manière offre de grands avantages ; elle est en œuvre plus promptement ; on peut y teindre la laine comme la soie, le fil de lin comme le coton ; et elle dure tant qu'on veut ; tandis que, avec le pastel fermenté, la cuve ne dure qu'un an ou dix-huit mois au plus, au bout duquel temps il faut jeter le bain et le pied à la rivière.

» Il est d'ailleurs plus facile de modérer la fermentation, que de la provoquer. »

M. GAY-LUSSAC a indiqué un autre moyen, dont voici la description telle qu'on la trouve dans le Bulletin des Sciences technologiques, juillet 1824.

———

DESCRIPTION

DU CHLOROMÈTRE,

INSTRUMENT NOUVEAU ET INDISPENSABLE

DANS LES BLANCHISSERIES.

———

M. GAY-LUSSAC a donné ce nom à une réunion de plusieurs ustensiles en verre qu'il vient de faire construire, et au moyen desquels on pourra assez facilement apprécier dans les blanchisseries, les fabriques d'indiennes, les papeteries, etc., la force du *chlorure de chaux* que l'on y emploie. Cette notion est indispensable non seulement pour déterminer la valeur réelle du chlorure de chaux que préparent les fabricans, mais encore pour doser convenablement le chlorure nécessaire aux opérations du blanchîment, des enlevages, etc. Ainsi, par exemple, on emploie communément 3 kilogrammes de sous-chlorure de chaux qui contient environ 0,8 de sous-chlorure saturé, et donneroit 8 degrés, par l'essai au chloromètre, pour 100 kilogrammes de pâte à papier. Si l'on veut se servir d'un chlorure qui ne donne à l'essai que 4 degrés, il ne contiendra que 4 dixièmes de sous-chlorure de chaux, et il faudra doubler la dose, c'est-à-dire employer 6 de ce chlorure pour 100 de pâte à papier, au lieu de 3 du premier.

Le chloromètre est établi sur les données que M. Gay-Lussac admet avec M. Welter. 1°. Que le chlorure peut se servir de mesure à lui-même, en déterminant d'avance, et prenant pour base ou terme de comparaison, la quantité d'une solution d'indigo quelconque, qui peut être décolorée par un litre de chlore gazeux à la température de 0°, et sous la pression de 76 centimètres de mercure, dissous dans un litre d'eau, et préparant une solution d'indigo telle, que dix volumes soient décolorés par un volume de la solution de chlore. 2°. Que le maximum d'effet du chlore, ou d'un chlorure d'oxide sur l'indigo, s'obtient en mélangeant ensemble d'un seul coup les deux solutions de chlore et d'indigo.

D'après cela, le sous-chlorure de chaux pur doit être dissous dans l'eau en proportions telles, que cette solution, à volume égal, contienne autant de chlore que la solution ci-dessus indiquée d'un lit de chlore dans un lit d'eau, et la solution d'indigo sera de même décolorée par 0,1 de son volume de la solution de sous-chlorure. Le calcul indique que l'on atteint ce terme en dissolvant 4,938 grammes de sous-chlorure de chaux pur dans 0,5 de litre d'eau, et dix volumes de la solution d'indigo doivent être décolorés par un volume de cette solution, c'est-à-dire qu'avec l'instrument on trouve 100 degrés ou 100 centièmes de chlorure pur.

Ces principes étant posés, nous décrirons les pièces qui composent le chloromètre, en indiquant successivement leur usage dans l'essai.

On pèse avec soin, dans une balance sensible, une quantité de chlorure de chaux équivalente à un poids qui fait partie des pièces du chloromètre, et pèse 4,938 grammes; on met dans un petit mortier, et l'on broie bien exactement, en ajoutant de l'eau peu à peu. Lorsque le chlorure est bien délayé, on verse le tout dans un tube que, pour fixer les idées, nous appellerons T, sur lequel une raie gravée horizontalement indique aux trois quarts de sa hauteur une capacité d'un demilitre : on rince à plusieurs reprises le mortier avec des lotions d'eau que l'on réunit dans le même tube, et l'on y ajoute encore de l'eau jusqu'à ce que la courbe inférieure du liquide touche la raie transversale. On agite bien le mélange, et on laisse déposer pendant deux minutes environ.

On prend avec la petite pipette A, une mesure de la solution claire, déterminée par un cercle tracé sur la tige au point b, et qui contient un volume égal à celui d'une des grandes divisions des tubes gradués ci-après ; il faut que la concavité que forme le liquide soit tangente au plan qui passe par le petit cercle tracé sur la tige, ce que l'on obtient facilement en prenant une plus grande quantité de liquide, et laissant écouler l'excès en soulevant très-peu le doigt avec lequel on bouche l'ouverture supérieure de la tige. On met dans un verre cette mesure de la solution du chlorure de chaux, et l'on passe dans la pipette un peu d'eau, à l'aide d'un tube effilé C, que l'on introduit dans l'ouverture de la tige, et que l'on y vide deux fois, afin d'entraîner dans le même verre tout le liquide resté sur les parois intérieures. On remplit avec la solution d'indigo (1) jusqu'à la dixième grande division, une burette B, dont la petite tige creuse, en cou de cygne, permet de verser cette solution goutte à goutte dans le verre E, qui contient la petite mesure de chlorure de chaux. On continue d'en ajouter jusqu'à ce qu'une teinte verte que prend le mélange indique qu'il y a excès d'indigo ; et cette teinte s'aperçoit aisément en opposant le liquide à un corps blanc opaque, une feuille de papier blanc, par exemple.

En opérant de cette manière le mélange lentement, on obtient moins que le maximum d'effet, et d'autant moins que la durée de l'essai est plus longue (2). Pour atteindre ce maximum, qui ensuite ne varie plus, on recommence l'essai en versant tout d'un coup dans la petite mesure de solution de chlorure que l'on prend avec la pipette dans le même

---

(1) La solution d'indigo, que l'on peut se procurer, de même que ces instrumens, chez l'auteur de cette description, est préparée d'avance, de manière qu'étendue d'une quantité d'eau déterminée, elle représente constamment les mêmes proportions d'indigo à décolorer.

(2) On peut n'obtenir que la moitié de l'effet possible ; mais ordinairement on n'opère pas avec assez de lenteur pour être au-dessous du maximum de plus d'un quart.

tube T, et que l'on dépose dans un verre à expériences E, une quantité de solution d'indigo mesurée dans un tube D gradué comme le premier en 10 degrés, subdivisés chacun en 10 pour former des centièmes (mais en sens inverse de la graduation du tube B), et plus gran e d'un quart que celle employée primitivement ; si la teinte du mélange opéré brusquement est jaune fauve, il n'y a pas assez d'indigo, il faut recommencer en en mettant un peu plus, et verser encore brusquement : si au contraire la teinte étoit bleuâtre, il y auroit trop d'indigo.

Supposons, par exemple, qu'en versant goutte à goutte la solution avec le tube en cou de cygne, on en ait employé la quantité contenue dans 7 divisions 6 dixièmes, pour atteindre la teinte verdâtre ; on recommencera l'essai en versant brusquement dans la même mesure de la solution de chlorure un quart de plus, ou $7,6+1,9$, ou la quantité de la solution d'indigo contenue dans 9 divisions 5 dixièmes du tube gradué D ; si la teinte du mélange est encore fauve, on recommencera en versant tout d'un coup 9,6 ; et si cette fois la teinte est légèrement verdâtre, on conclura de cet essai que le chlorure essayé équivaut à 0,96 de sous-chlorure de chaux pur.

On pourroit craindre que les tâtonnemens

fussent longs quelquefois, pour arriver à la dose juste qu'il convient de verser à la fois; les nombreux essais que j'ai déjà faits avec le *chloromètre* pour essayer les chlorures de notre fabrique, m'ont convaincu qu'il suffit d'avoir quelque habitude des manipulations de ce genre, pour arriver au but en deux ou trois tâtonnemens au plus; et l'expérience tout entière dure environ cinq minutes. Ce mode d'essai présente sur tous les autres l'avantage d'une plus grande précision avec la même facilité d'opérer. Il pourroit de plus être appliqué à reconnoître la valeur des indigos du commerce, puisque l'indigo seroit d'autant plus riche en matière tinctoriale, qu'il en faudroit une quantité moindre pour préparer la liqueur d'épreuve.

Les procédés d'*enlevage*, au moyen de chlorure de chaux, que l'on suit dans les fabriques d'indiennes pour faire les dessins blancs, servent de contre-épreuve en grand aux essais chlorométriques. En effet, la quantité de teinture enlevée, ou d'*ouvrage fait* par le chlorure de chaux, est, toutes choses égales d'ailleurs, proportionnelle à la quantité de chlore qu'il contient; et j'ai eu plusieurs fois occasion de remarquer que les indienneurs qui emploient ces procédés savoient très-bien apprécier la valeur réelle du sous-chlorure de chaux de notre fabrique, et comparer entre eux les sous-chlorures qui leur sont offerts par plusieurs fabricans.

FIN.

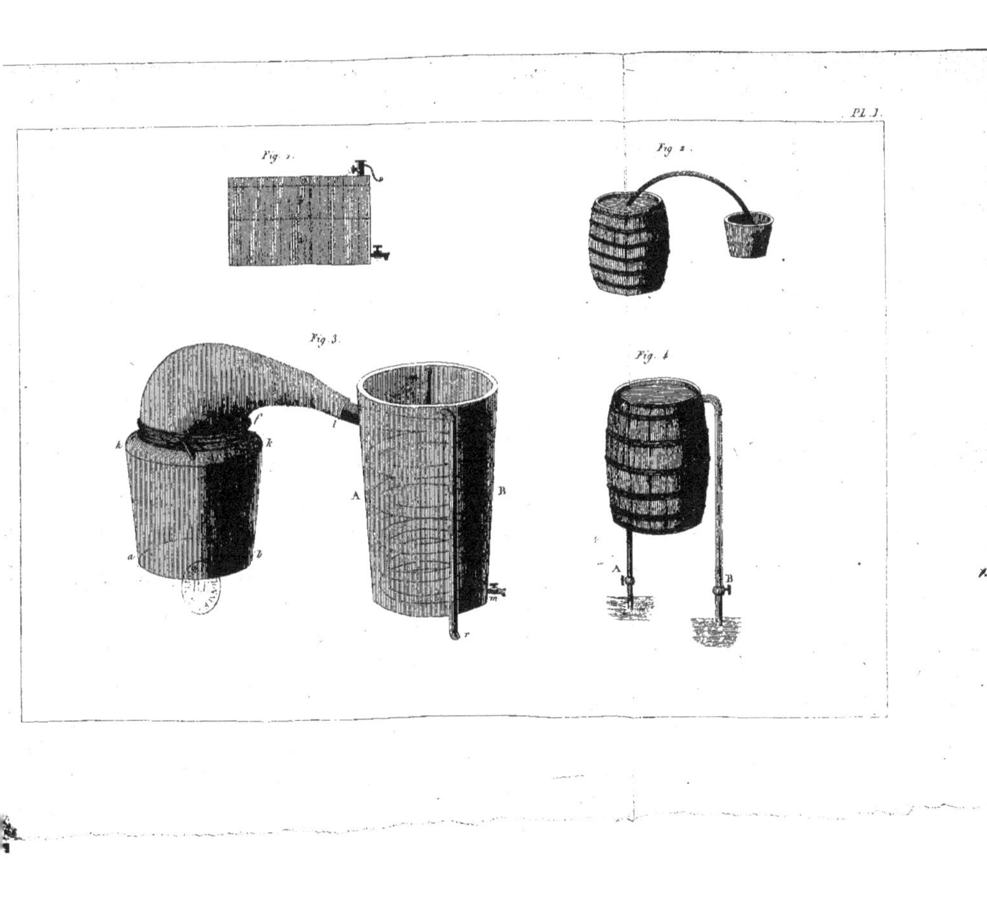

Fig. 1.
Fig. 2.
Fig. 3.
Fig. 4.

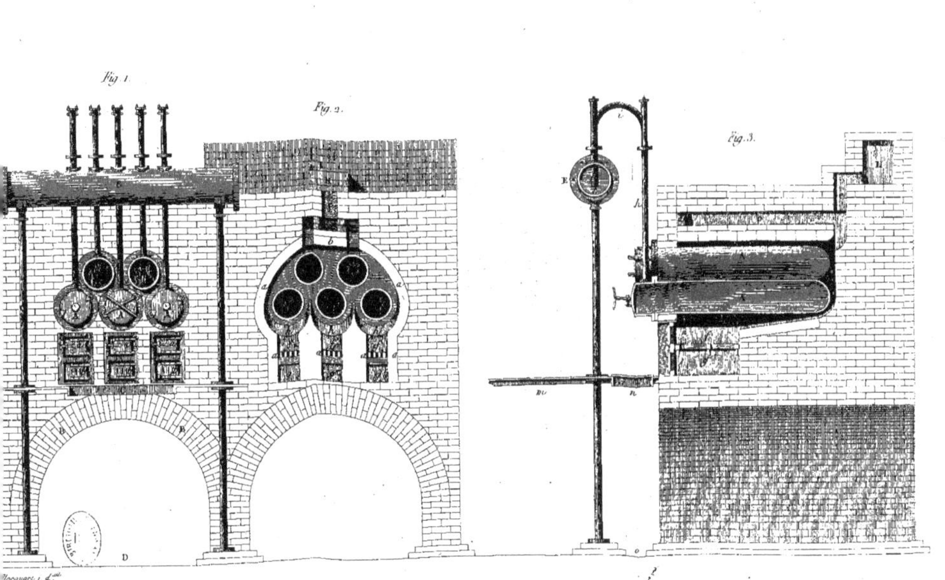

Fig. 1.
Fig. 2.
Fig. 3.
D

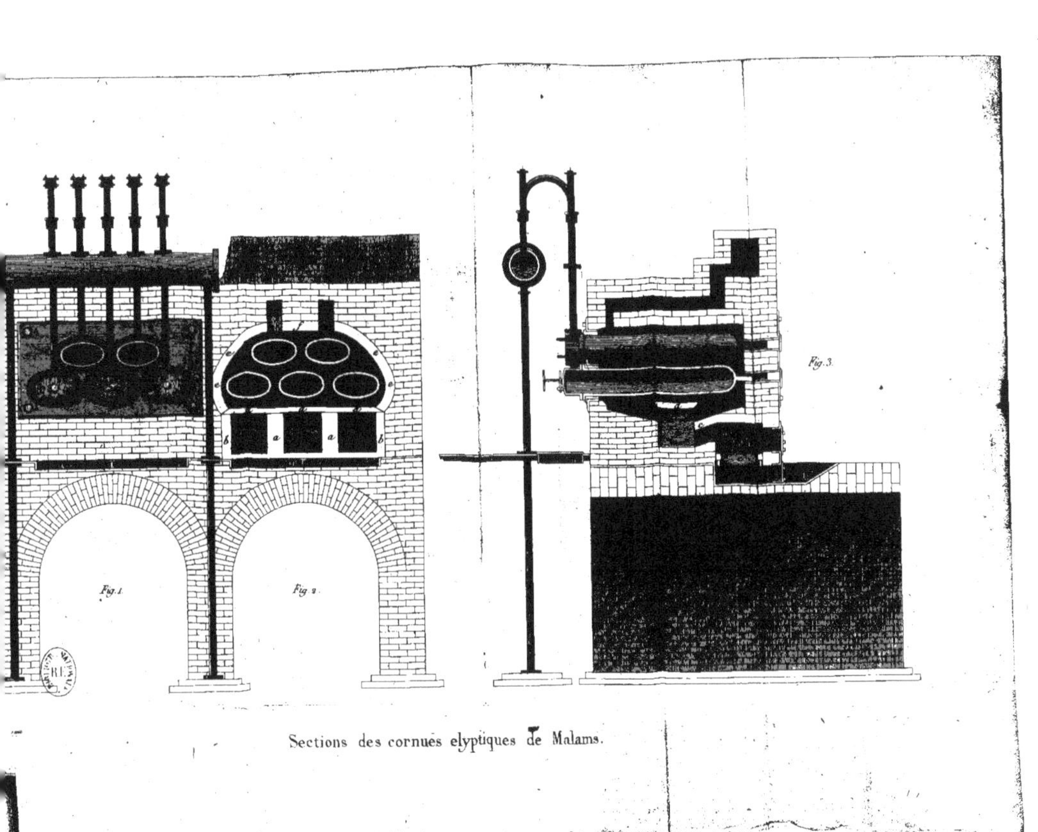

Sections des cornues elyptiques de Malams.

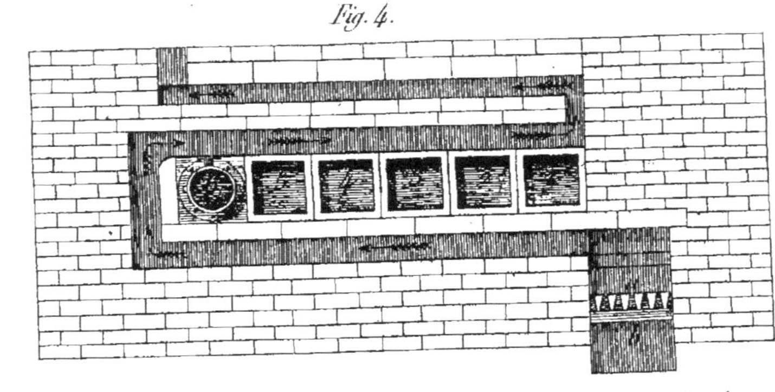

Fig. 4.

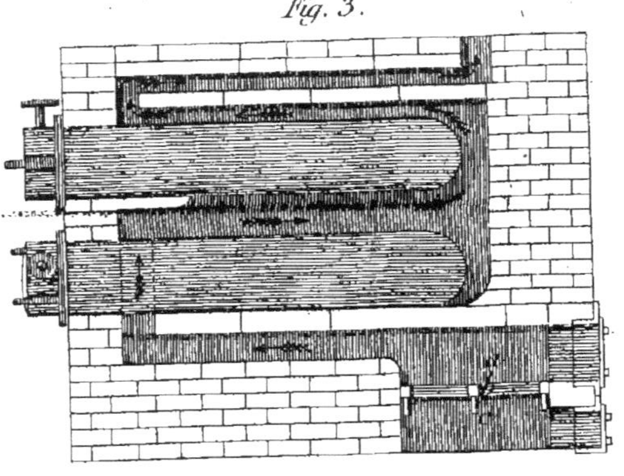

Fig. 3.

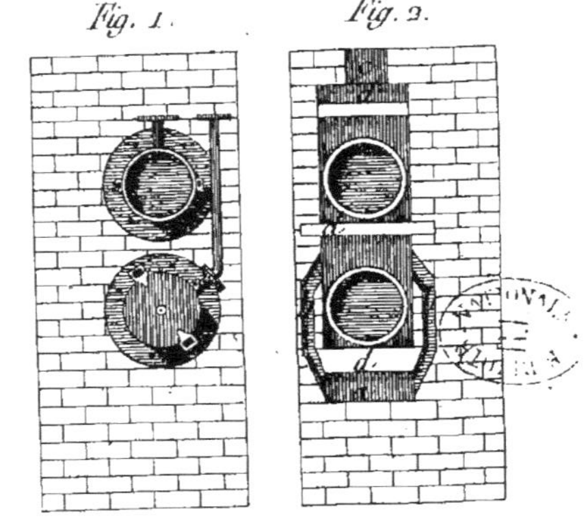

Fig. 5.

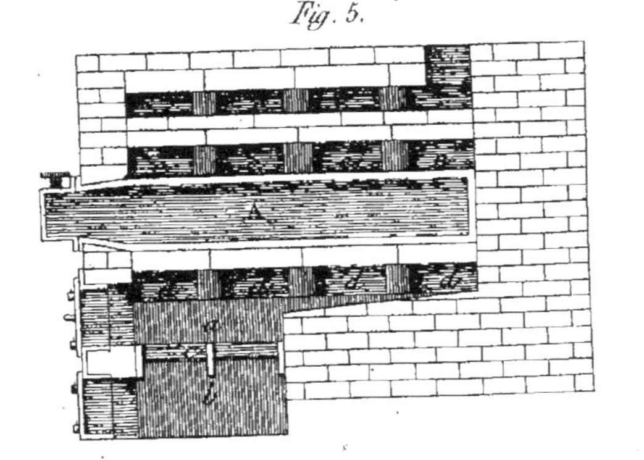

Fig. 1.
Fig. 2.

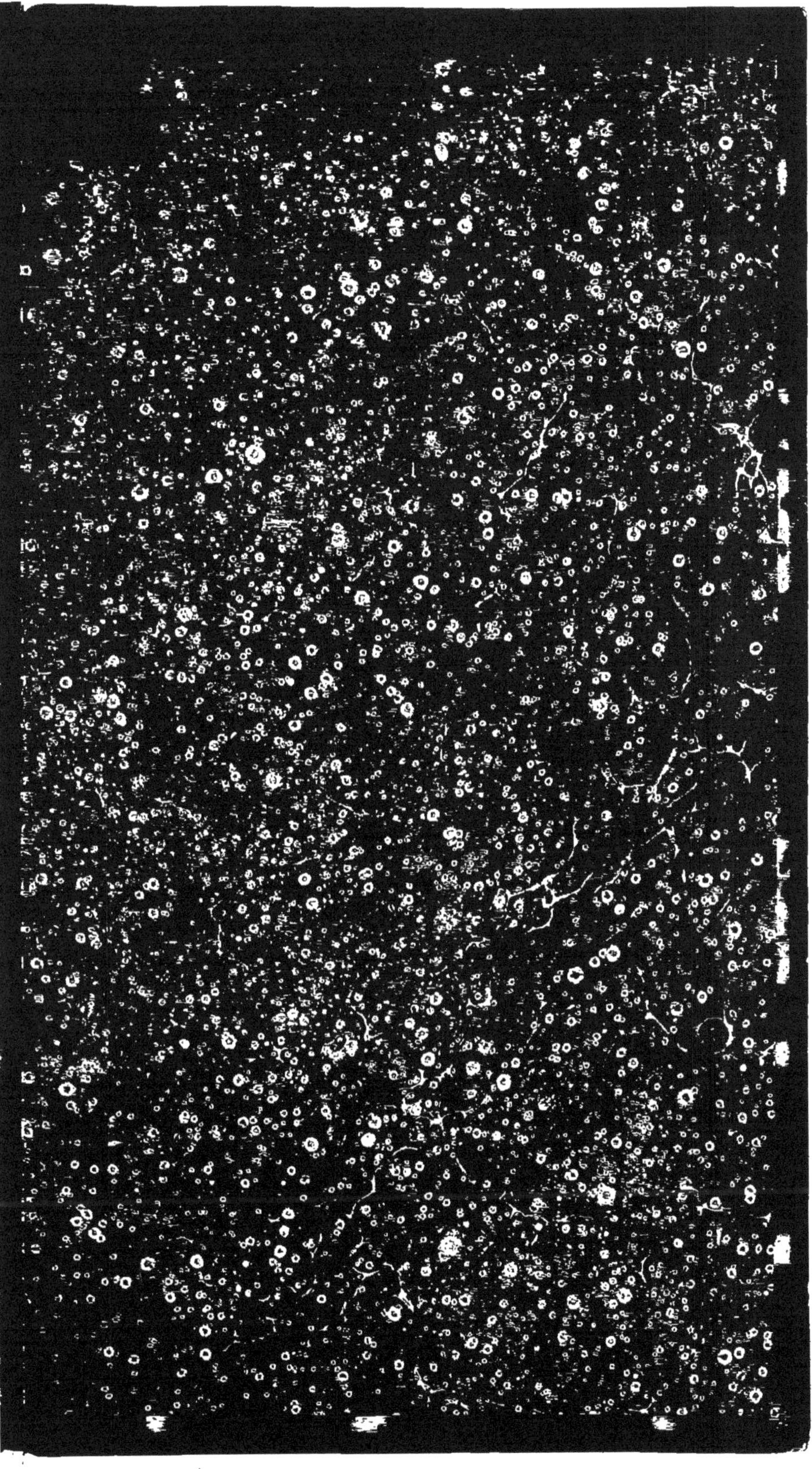